多孔NiCo$_2$O$_4$基纳米结构超级电容器材料制备与性能

黎春阳　安长胜　著

化学工业出版社

·北京·

内容简介

尖晶石型 $NiCo_2O_4$ 以其毒性低、资源丰富、理论容量高、氧化还原可逆性良好等优点而成为一种非常有前景的赝电容型超级电容器的电极材料。本书通过材料纳米化、增加多孔性、控制形貌、多元复合等多种手段改性，进一步提高材料的能量密度、导电性、倍率性能以及循环稳定性，进而提高相应超级电容器的性能指标，为相关产品开发提供指导和借鉴。

本书适宜从事超级电容器开发以及相关能源材料开发的技术人员阅读。

图书在版编目（CIP）数据

多孔 $NiCo_2O_4$ 基纳米结构超级电容器材料制备与性能 / 黎春阳，安长胜著. -- 北京：化学工业出版社，2024. 11. -- ISBN 978-7-122-46855-0

Ⅰ.TM53

中国国家版本馆CIP数据核字第2024Q26W09号

责任编辑：邢　涛　　　文字编辑：林　丹　师明远
责任校对：李露洁　　　装帧设计：韩　飞

出版发行：化学工业出版社
　　　　　（北京市东城区青年湖南街 13 号　邮政编码 100011）
印　　装：北京天宇星印刷厂
710mm×1000mm　1/16　印张 9½　字数 200 千字
2024 年 11 月北京第 1 版第 1 次印刷

购书咨询：010-64518888　　　售后服务：010-64518899
网　　址：http://www.cip.com.cn

定　价：99.00元　　　　　　　　版权所有　违者必究

尖晶石型 $NiCo_2O_4$ 以其毒性低、资源丰富、理论容量高、氧化还原可逆性良好等优点而成为一种非常有前景的赝电容型超级电容器的电极材料。但单相 $NiCo_2O_4$ 电极材料电导率较低，结构稳定性较差且电荷转移速度较慢，从而使其比电容较低，倍率和循环性能较差，进而导致了较低的能量密度和使用寿命，因而限制了 $NiCo_2O_4$ 材料在超级电容器中更广泛的实际应用。

为了提高 $NiCo_2O_4$ 材料的能量密度、导电性、倍率能力和循环稳定性，科研工作者已做了大量的工作。提高材料性能的方法归纳起来主要包括材料纳米化、多孔性、形貌控制、纳米复合。因此，为了得到更好的电化学性能，通常都是两种或两种以上改善方法结合使用。从实现上述提高性能的方法来看，基本都是在导电基材（如泡沫镍和碳素材料等导电材料）上，用水热法、电化学沉积法和其他方法并结合煅烧工艺来实现的。从试验方法角度来看，水热法和电化学沉积法简单、高效，但从规模化生产角度来讲，由于无法连续生产，显然对控制成本是不利的，这两种方法均在溶液中进行，或多或少会污染基材，且负载量较少，从某种程度上会影响测试数据的准确性。因此，从兼顾性能和成本上考虑，研发低成本，适合规模化生产的，高性能多孔纳米 $NiCo_2O_4$ 及其复合材料的制备方法是必要的，不仅有重要的实用价值，也有重大科学意义。

若要使 $NiCo_2O_4$ 在超级电容器领域有更广泛的应用，还必须进一步提高其电导率、比电容、倍率和循环稳定性，尤其是循环稳定性等电化学性能，同时进一步降低制备成本。目前，纳米化、多孔、特殊形貌和复合化是提高 $NiCo_2O_4$ 基电极材料电化学性能的有效方法。

本书系统地总结了 $NiCo_2O_4$ 基超级电容器电极材料领域国内外的研究现状，针对上述存在的问题，创新性采用原位合成聚合物模板法和喷雾干燥法来制备多孔纳米 $NiCo_2O_4$ 及其复合材料，使用先进合理的研究方法、技术路线和试验手段对其电化学性能进行研究和阐述，并对影响制备工艺、显微结构和电化学性能的因素进行阐述与分析，获得了一些有价值的创新性成果。

本书力求科学性、知识性、实用性、创新性的统一，详细介绍了有关学科的前沿和发展方向，对希望学习和研究该领域的人士有一定的价值。

本书主要由黎春阳撰写并整理定稿，其中第一章由黎春阳和长沙学院安长胜共同撰写。在撰写过程中，笔者由衷地感谢大连交通大学任瑞铭教授提供的专业建议和环境光催化应用技术湖南省重点实验室开放基金（No.2214503）的支持。另外，本书参阅了一些国内外知名出版物，均列在参考文献中，在这里谨向文献作者们表示衷心的感谢！

由于著者水平有限，书中难免有不足之处，恳请读者批评指正。

著 者

目 录

第二章 原位聚合物模板法制备多孔 NiCo$_2$O$_4$ 纳米材料及其性能的研究

第三章 多孔 NiCo₂O₄/GO 纳米复合电极材料的制备与 性能研究

第一章

绪　论

▲▲▲▲▲

1.1　引言

化石能源的使用所带来的污染已严重威胁到人类的身心健康和生存环境。为了满足人们对"绿水青山"的需求，实现中国的可持续发展，用洁净能源，如风能、太阳能、潮汐能等，替代传统化石能源变得更为迫切。但是这些清洁能源发电功率不稳定，并网供电存在一定的技术难度，所以为了使之得到充分利用，具有效率高、维护方便、环境友好、使用安全等诸多优点的电化学储能装置日益受到重视[1, 2]。

表 1.1　几种电化学储能器件的性能比较

储能器件	能量密度 /（W·h/L）	功率密度 /（W/L）	循环次数
蓄电池	$50.00 \sim 250.00$	150	$<10^4$
电化学电容器	5.00	$>10^5$	$>10^5$
传统电容器	0.05	$>10^8$	$>10^6$

电化学储能装置主要有二次电池和超级电容器，性能比较见表 1.1。

由于超级电容器兼有传统电容器功率密度大和二次电池能量密度高等特点，所以与二次电池相比[3-5]，超级电容器以其功率密度高、充放电快、可逆性好、循环寿命长和工作温度范围宽等优点而被广泛应用在电动工具、通信设备、电动汽车、航空航天等领域[6-9]。

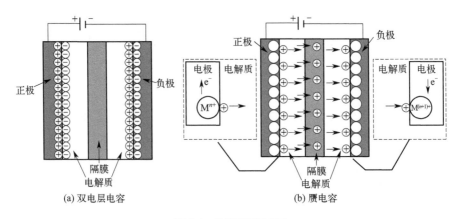

图 1.1　储能机理示意图

超级电容器主要由集流体、电极、电解质和隔膜四部分组成，其中电极材料是影响超级电容器性能和生产成本的最关键因素之一。超级电容器根据如图 1.1[7] 所示的储能机理可分为双电层型超级电容器和赝电容型超级电容器。目前，工业化的，得到广泛应用的是以多孔活性炭为电极材料的双电层型超级电容器，然而其较低的比容量已很难满足各行业对超级电容器的性能要求。为此，以过渡金属氧化物为电极，如 MnO、NiO、Co_3O_4、$NiCo_2O_4$ 等[10-23]，基于法拉第氧化还原反应的赝电容型超级电容器（又称法拉第型超级电容器）以其比电容高、能量密度大而成为高性能超级电容器研发的主要方向。同传统的 NiO 和 Co_3O_4 相比，二元 $NiCo_2O_4$ 复合氧化物呈现出更高的电导率和电化学活性[24]。因此，近年来，$NiCo_2O_4$ 及其复合材料已成为赝电容型超级电容器电极材料重要的研究方向。

1.2 NiCo$_2$O$_4$ 的结构

NiCo$_2$O$_4$ 的晶体结构示意图如图 1.2 所示[25]。它是一种复合氧化物，具有典型的尖晶石型结构。该材料结构由氧原子做紧密堆积，Ni^{2+} 和 Ni^{3+} 占据在八面体位置，而 Co^{2+} 和 Co^{3+} 分别占据在四面体和八面体的位置。NiCo$_2$O$_4$ 为面心立方，属于 FD-3M 空间群，其晶格常数 $a=b=c=8.114$，键角 $\alpha=\beta=\gamma=90°$。NiCo$_2$O$_4$ 可用下式表达：

$$Co_{1-x}^{2+} Co_x^{3+} \left[Co^{3+} Ni_x^{2+} Ni_{1-x}^{3+} \right] O_4 \, (0 \leqslant x \leqslant 1)$$

NiCo$_2$O$_4$ 有 Ni^{2+}/Ni^{3+} 和 Co^{2+}/Co^{3+} 两对氧化还原电对，具有很强的电子转移能力，发生氧化还原反应时可以进行快速能量储存。

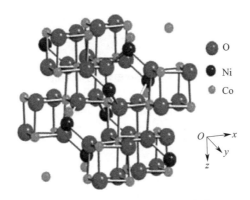

图 1.2 NiCo$_2$O$_4$ 的晶体结构图[25]

1.3 NiCo$_2$O$_4$ 的储能机理

NiCo$_2$O$_4$ 的储能机理符合赝电容型超级电容器的储能机理，示意图如图 1.3 所示。在电极表面或近表面处活性材料发生欠电位沉积，与此同时，伴随着快速且可逆的 Ni^{2+}/Ni^{3+} 和 Co^{2+}/Co^{3+} 两对法拉第氧化还原反应的发生，实现电能的存储，得到与电极充电电位相关的电容[26]。氧化还原反应不仅在电极表面发生，还可以深入到电极内层界面，由于电荷转移发生在距电极表面几十纳米处的活性物质中，这不仅提高了活性物质的利用率，而且使电极表面和内部的化学反应同时快速进行，所以提高了赝电容的功率密度和比容量[27, 28]。

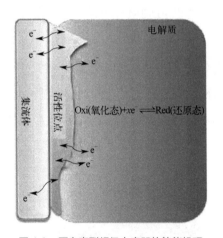

图 1.3 赝电容型超级电容器的储能机理

1.4 NiCo₂O₄ 的合成方法

1.4.1 固相法

固相法是一种工艺简单，易于工业化的合成方法。庄稼等人[29]以醋酸镍、醋酸钴和草酸为原料，并加入不同的表面活性剂，首先在室温下进行固相反应，然后在 60℃恒温水浴加热 2 天后获得前驱体。前驱体经 610℃热分解后，合成形貌不同的亚微米级 NiCo₂O₄ 粉体。这种方法制备温度高，产物晶粒大且分布不均。相对尺寸较大的晶粒对提高 NiCo₂O₄

电导率和电化学性能明显是不利的。

1.4.2 共沉淀法

共沉淀法是用两种或两种以上的可溶性有效离子在沉淀剂的作用下制备超细颗粒的方法[30]。该方法能够实现原子级别的混合，具有制备工艺简单、成本低、合成周期短等优点。赵诗阳等人[31] 以可溶性镍钴化合物为原料，用 NaOH 为沉淀剂，通过控制煅烧温度合成了粒径为 $6.7 \sim 12.1nm$ 的 $NiCo_2O_4$ 粉体，在电流密度为 1A/g 时获得材料的最大比电容为 440F/g。H. Jiang 等人[32] 以草酸为共沉淀剂，以 PEG 为表面活性剂，制备出比表面积为 $202m^2/g$，孔径为 $2.4 \sim 34nm$，具有较高比容量和循环稳定性的多孔 $NiCo_2O_4$ 纳米线。该方法以水为溶剂，环保高效，但因氢键的作用易产生团聚。

1.4.3 水热法

水热法是制备粒径小、纯度高、分散性好、形貌可控粉体的重要方法。很多研究者[20-22, 33-38] 采用水热法，在不同的基材上制备出一维纳米线、二维纳米片和三维海胆状、花状和球状 $NiCo_2O_4$ 粉体。在电流密度为 1A/g 下，由于颗粒形貌的不同，比电容在 $743 \sim 983.5F/g$ 的范围内，并表现出较好的循环稳定性。但水热法对合成设备的要求较高，且不易实现大规模生产。

1.4.4 溶胶-凝胶（Sol-gel）法

溶胶-凝胶法是一种简单、有效的制备纳米粉体的方法。由于前驱体各元素可在分子水平均匀混合，故反应容易进行，合成温度较低。Y. Wu 等人[39]以醋酸盐为钴源和镍源，以柠檬酸为配体，在不同的极性溶剂中合成出多孔珊瑚状和亚微米级两种尖晶石型 $NiCo_2O_4$ 粉体，所得粉体呈现良好的循环稳定性。但很明显，粉体团聚严重。

1.4.5 微波合成法

微波合成法是利用微波可对物质内部直接加热而进行快速合成的方法。该方法热能利用率高、反应时间短。吴双等人[40]使用微波诱导均相沉淀技术制备出由针状纳米级晶粒组成的刺球形 $NiCo_2O_4$ 颗粒和纳米片状晶粒聚集而成的花状 $NiCo_2O_4$ 微球。测试结果表明：刺球状 $NiCo_2O_4$ 具有更大的比表面积，电化学性能更好；而 A. Shanmugavani 和 Y. Lei[41, 42]用微波辅助回流合成的 $NiCo_2O_4$ 及复合材料具有较高的比电容，在 1mV/s 和在 1A/g 下的比电容分别为 417F/g 和 1006F/g，且具有良好的循环稳定性。但微波合成法对设备要求高、大规模制备成本相对较高。

1.4.6 电沉积法

电沉积法合成一般是以金属或碳布为基材[43-45]，以水溶性镍盐和钴盐为原料，进行阳极电沉积而制备多孔、片状、花状的 $NiCo_2O_4$ 纳米薄膜材料。由于膜很薄，电荷转移距离短而快，故这种方法制备的 $NiCo_2O_4$ 及其复合材料均具有较高的比电容、倍率性能和循环稳定性。N. Zhao 等人[44]以碳布为基材，电沉积所得的材料，在中性电解质中，经 10000 次循环后，比电容保持率竟高达 129.7%。虽然电沉积法工艺简单，沉积速率快，沉积温度低，所得产物纯度高，但由于要消耗大量电能，产生大量废水，因而成本高、不环保，其在工业化制备中受到限制。

1.5 NiCo$_2$O$_4$ 性能提高的方法

NiCo$_2$O$_4$ 用作赝电容型超级电容器的电极材料，其储能的实现是通过电解质中活性物质的欠电位沉积及可逆的 Ni^{2+}/Ni^{3+} 和 Co^{2+}/Co^{3+} 法拉第氧化还原反应来实现的。但与碳电极材料相比，NiCo$_2$O$_4$ 电导率低，且为亚稳态，结构热稳定性较差，通常在 400℃ 以上就会分解成 Co$_3$O$_4$ 和 NiO[24, 39, 46]。在充放电过程中，电荷的脱嵌会产生晶格畸变，因畸变产生的应力会破坏其内部结构，进而导致其倍率特性和循环稳定性较差[24, 39, 47]。众所周知，相对于常规单相材料，NiCo$_2$O$_4$ 的纳米化和多孔性有利于提高电导率，增大比表面积和与电解质的接触面积，提高反应活性和电极的利用率，减小电荷传输阻力，缩短电荷传输距离，减缓、释放电荷脱嵌产生的晶格畸变应力，进而提高其比电容、倍率性能和循环稳定性。目前，提高纳米 NiCo$_2$O$_4$ 电化学性能的方法主要集中在多孔 NiCo$_2$O$_4$ 材料的形貌控制、碳材料的引入、过渡金属氧化物添加和多相复合等。

1.5.1 形貌控制

研究[13, 15, 48-50]证实不同的颗粒形貌，不同的制备方法，由于所得材料的比表面积不同，反应活性不同，电极利用率不同而使材料的电化学性能往往呈现出很大的差异。因而制备一维（1D）、二维（2D）、三维（3D）等不同形貌的纳米 NiCo$_2$O$_4$ 电极材料成为提高其电化学性能的有效手段之一。

（1）1D 形貌

Jiang 等[32]以聚乙二醇为导向剂，以草酸为沉淀剂，在室温合成了层状多孔的 1D NiCo$_2$O$_4$ 纳米线。在电流密度为 1A/g 时比电容为 743F/g，而当电流密度为 40A/g 时，容量保持率为 78.6%，经 3000 次循环后，比电容损失 6.2%。M.Sethi[51] 用水热法制备的 1D $NiCo_2O_4$ 纳米棒［见图 1.4（a）］，在扫描速率为 5mV/s 时，比电容为 440F/g，在电流密度为 8A/g 下，经 2000 次循环，容量损失高达 60%。Zhang 等人[52] 以泡沫镍为基材，以镍、钴硝酸盐为原料，通过简单、绿色的溶液法和热处理工艺，合成了沿（110）晶面定向生长的，底部直径为 100nm，长为 15μm 的 1D $NiCo_2O_4$ 纳米针（线）阵列［见图 1.4（b）］。在电流密度为 5.56mA/cm^2（负载 0.9mg/cm^2）下，经 2000 个循环，其比电容从 1118.6F/g 下降到 999.1F/g，容量损失 5.26%。这样高的比电容和较好的循环特性归因于其较大的比表面积（136.3 m^2/g），同时，其相互分离的针状有序阵列有利于电解质的进入，其单晶的本质易于电荷转移且具有好的力学性能。

图 1.4　1D $NiCo_2O_4$ 纳米晶形貌
（a）纳米棒[51]；（b）纳米针（线）阵列[52]

（2）2D 形貌

杜军[53] 以碳纤维布为基材，以镍、钴硝酸盐为原料，用电化学沉积法合成了厚度为 10nm，由 5nm 晶粒组成的 2D $NiCo_2O_4$ 纳米片阵列［见图 1.5（a）］。以此为工作电极，在电流密度为 2A/g 时，其比电容高达 2506F/g，在电流密度为 10A/g 下循环 3000 次后，容量损失为 20%，表明纳米片阵列电极具有高的比容量和较好的循环稳定性。同样，N. Padmanathan 等人[34]以碳纤维布为基材，以硝酸盐或氯化物和尿素为原料，用水热结合煅烧工艺制备出不同形貌的纳米颗粒。以硝酸盐为原料，制备出由 2D 纳米墙连接成的网状阵列，纳米墙的平均厚度为 10 ～ 13nm，直径为 10 ～ 20nm［见图 1.5（b）］；以氯化物为原料，所得材料是典型的自聚合纳米薄片形貌，纳米薄片直径为 15 ～ 30nm［见图 1.5（c）］。以氯化物为原料合成的自聚合的纳米薄片，在电流密度为 1A/g 时，比电容仅为 844F/g，在同样的电流密度下循环 2000 次，容量损失 21%；而以硝酸盐为前驱体合成的 $NiCo_2O_4$ 是纳米片网状阵列的形貌，与杜军的研究结果相似[53]，在电流密度为 5A/g 时，比电容达 1225F/g，在电流密度为 20A/g 时，循环 2000 次后，容量损失仅为 13%。这表明采用相同的工艺，由于前驱体不同而导致纳米 $NiCo_2O_4$ 的形貌和电化学性能存在很大的差异。

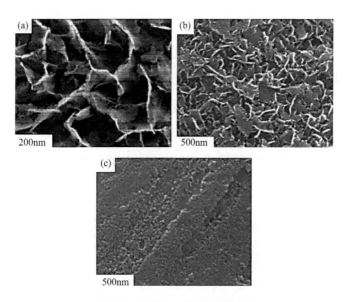

图 1.5 2D $NiCo_2O_4$ 纳米晶形貌

（a）纳米片[53]；（b）纳米墙[34]；（c）纳米薄片[34]

（3）3D 形貌

Wang 等人[36]以镍、钴氯化物和尿素为原料，在无基材和催化剂情况下，用水热法合成了 3D 海胆状 NiCo$_2$O$_4$ 纳米晶［图 1.6（a）］。它是由大量直径为 100～200nm，长约为 2μm，垂直于中心的纳米针组装而成，比表面积为 99.3m^2/g，在电流密度为 1A/g 和 15A/g 时，比电容分别为 1650F/g 和 1348F/g，容量保持率为 81.7%；在电流密度为 8A/g 时，循环 2000 次后，容量损失为 9.2%。而 Zou 等人[20]采用与文献［36］同样的工艺，仅仅把氯化物换成硝酸盐，则合成出由大量长为 2μm 的链状纳米线组成的 3D NiCo$_2$O$_4$ 微球［图 1.6（b）］，其中链状线由 5～15nm 的晶粒组装而成，所得材料的电化学性能与文献[36]一样，具有较好的电化学性能。Yuan 等人[25]用简单的聚合物辅助溶液法合成了由 20～30nm NiCo$_2$O$_4$ 纳米晶堆积而成的多层 3D 网状多孔结构粉体［图 1.6（c）］。当电流密度从 2A/g 增加到 16A/g 时，比电容从 587F/g 降低到 518F/g，容量保持率为 88.2%，充放电循环 3500 次后仅有 6% 的容量损失。Zeng 等人[54]以不同的表面活性剂为软模板，在泡沫镍基材上用水热法分别合成出由纳米线和纳米片组装而成的 3D 花状 NiCo$_2$O$_4$ 材料［图 1.6（d）］。在电流密度为 1A/g 时，比电容分别达到 863.8F/g 和 1357F/g，当电流密度从 1A/g 增加到 20A/g，容量保持率分别为 76.2% 和 59.27%，在电流密度为 10A/g 下，充放电循环 5000 次后容量损失为 17% 和 31%。对比可以看出，同为海胆状纳米结构的 NiCo$_2$O$_4$ 材料，其电化学性能存在较大差异，这再次表明电化学性能与制备工艺密切相关。

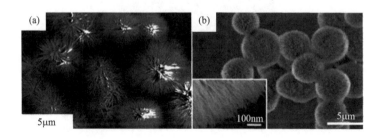

图 1.6　3D NiCo$_2$O$_4$ 纳米晶形貌

（a）海胆状[36]；（b）微球[20]；（c）网状[25]；（d）花状[54]

1.5.2　过渡金属氧化物复合

过渡金属氧化物，如 Co$_3$O$_4$[15-17]、NiO[10, 11, 50]、MnO$_2$[18, 49, 55, 56]、ZnO[57]、Fe$_3$O$_4$[28, 58]、SnO$_2$[59] 及 NiMn$_2$O$_4$[60]、NiMoO$_4$[61]、CoMoO$_4$[62] 等复合氧化物，虽然没有 RuO$_2$ 电化学性能优异[1, 63]，但以其价廉、易得和无毒而得到广泛而深入的研究。为此，研究者尝试通过合理的材料设计，在纳米 NiCo$_2$O$_4$ 基体中引入过渡金属氧化物，以达到协同多功能作用来提高 NiCo$_2$O$_4$ 的电化学性能。目前，异质核 - 壳结构是纳米 NiCo$_2$O$_4$/过渡金属氧化物电极材料最主要的设计方式。

（1）与 MnO$_2$ 复合

Xu 等人[64]用静电纺丝 - 煅烧 - 水热法制备了分层，具有核 - 壳结构的 NiCo$_2$O$_4$@MnO$_2$ 纳米复合材料。合成过程：先以静电纺丝结合煅烧合成 NiCo$_2$O$_4$ 纳米管，然后以 NiCo$_2$O$_4$ 纳米管为核，用水热法将 MnO$_2$ 纳米片沉积包裹在其表面，获得独特结构的核 - 壳结构纳米电极材料。核 - 壳结构材料的比电容、倍率性能和循环稳定性均明显好于单相 NiCo$_2$O$_4$ 纳米晶。相比于单相材料，在电流密度为 3A/g 时，比电容从 466.7F/g 增加到 706.7F/g，当电流密度升到 30A/g 时，容量的保持率从 71.4% 提高到 84.9%；相比于初始比电容，在扫描速率为 60mV/s 下充放电循环 10000

次，容量保持率高达 136.3%。Yu 等人[65] 用两步水热法结合煅烧工艺在泡沫镍基材上制备出分层多孔的 NiCo$_2$O$_4$@MnO$_2$ 核 - 壳结构的纳米线阵列。合成过程：先以在预处理的泡沫镍上水热合成出的长为 7～10nm 的介孔 NiCo$_2$O$_4$ 纳米线阵列为核，然后再用水热法结合煅烧工艺将厚为 10nm 的 MnO$_2$ 薄片沉积包裹其上，得到具有独特核 - 壳纳米结构的复合电极材料。结果表明，核 - 壳结构的纳米阵列电极的面积比电容和循环稳定性有很大的提高。在电流密度为 10mA/cm^2 时，相比于单相的 NiCo$_2$O$_4$ 纳米线阵列电极，核 - 壳结构 NiCo$_2$O$_4$@MnO$_2$ 的面积比电容和比电容分别从 1.33F/cm^2 增加到 2.05F/cm^2 和 1273.8F/g 增加到 1427.4F/g，即使电流密度为 20mA/cm^2 时，面积比电容仍高达 1.66F/cm^2；而相对于单相材料，循环 1000 次后，容量损失就达到 15%，而核 - 壳结构的电极材料，循环 2000 次后，容量损失为 12%，循环稳定性有较大的提高。

（2）与 NiO 复合

Yang 等人[66] 用两步水热法结合煅烧工艺在碳纤维纸基材上合成出分层、核 - 壳结构的 NiCo$_2$O$_4$@NiO 纳米复合材料，其合成工艺示意图如图 1.7 所示。首先以硝酸盐和尿素为原料，以多孔碳纤维纸为基材，用水热法结合煅烧工艺制备出垂直于碳纤维表面生长的 1D NiCo$_2$O$_4$ 纳米线阵列，并以此为核，以硫酸镍和尿素为原料，采用与第一步同样的工艺，在其表面均匀包裹一层 40～60nm 厚的 NiO 纳米片。用这种核 - 壳结构的纳米 NiCo$_2$O$_4$@NiO 复合材料为工作电极，在电流密度为 2A/g 下，比电容为 1188F/g，这比单相 NiCo$_2$O$_4$ 纳米线阵列的比电容（890F/g）大得多；在电流密度为 10A/g 时，复合电极的容量保持率（85%）比单相的（75%）要高，充放电循环 7000 次的容量保持率达到 106.8%。Yao 等人[67] 采用与文献[66] 相似的工艺，仅溶剂和原料不同而已，其制备工艺如图 1.8 所示。首先以泡沫镍为基材，以硝酸镍、六亚甲基四胺和十二烷基溴化铵为原料，用溶剂热结合煅烧工艺合成出 NiO 纳米片，并以此为核，用硝酸盐和尿素为原料，采用一步工艺在其表面包裹一层 NiCo$_2$O$_4$ 纳米片，进而形成 NiO@NiCo$_2$O$_4$ 核 - 壳结构的纳米片阵列电极材料。以此为工作电极，在电流密度为 2A/g 下，比电容为 1623.6F/g，这比单相 NiO 和 NiCo$_2$O$_4$ 纳米片阵列电极的比电容（约 525F/g 和 670F/g）大得多，同样，复合材料电极在倍率性能和循环稳定性上也比单相电极材料优异。

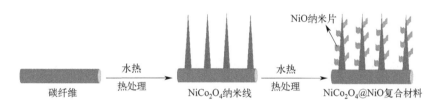

图 1.7　热处理在碳纤维纸上制备分层 NiCo$_2$O$_4$@NiO 复合材料工艺示意图[66]

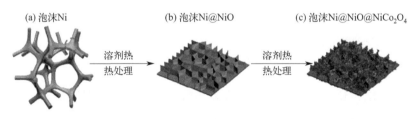

图 1.8　在泡沫镍上制备分层异质 NiO@NiCo$_2$O$_4$ 纳米片阵列工艺示意图[67]
（a）泡沫 Ni；（b）NiO 纳米片阵列；（c）NiO@NiCo$_2$O$_4$ 分层核 - 壳纳米片阵列

（3）与 Co$_3$O$_4$ 复合

Chen 等人[68]采用与文献[65-67]相似的两步水热法结合煅烧工艺合成出了无基材核 - 壳结构的 Co$_3$O$_4$@NiCo$_2$O$_4$ 纳米复合材料。首先以氯化钴和尿素为原料，用水热法结合煅烧工艺制备出多孔的 Co$_3$O$_4$ 纳米片，并以此为核，用硝酸盐、尿素和 PVP 为原料，采用与第一步同样的工艺，在其表面均匀生长 NiCo$_2$O$_4$ 纳米棒。在电流密度为 5A/g 下，比电容为 900F/g，这比单相 NiCo$_2$O$_4$ 纳米棒的比电容（425F/g）大得多，充放电循环 5000 次的容量保持率为 91.1%。此外，通过特殊结构设计制备的蛋黄 - 壳结构的笼状 Co$_3$O$_4$@NiCo$_2$O$_4$ 复合材料[69]和用两步水热法制备的 NiCo$_2$O$_4$ 纳米棒或纳米片包覆 Co$_3$O$_4$ 纳米线[70, 71]所得的核 - 壳结构 Co$_3$O$_4$@NiCo$_2$O$_4$ 复合材料都表现出比单相材料更好的电化学性能。

（4）复合氧化物及其他

NiMn$_2$O$_4$[72, 73]、NiMoO$_4$[74]、CoMoO$_4$[75]、NiCo$_2$O$_4$[76]、TiO$_2$[77] 和 ZnO[78] 等主要用两步水热法结合煅烧工艺制备出与 NiCo$_2$O$_4$ 形成分层同质和异质核 - 壳结构的纳米复合电极材料，主要是在泡沫镍和碳布上形成纳米线与纳米片、纳米片与纳米片等不同形貌材料的复合。无一例外，所有的核 - 壳结构纳米复合材料都呈现出比单相材料更好的电化学性能，即较高的比电容，优异的倍率和充放电循环稳定性能。

1.5.3　导电物质复合

材料纳米化、形貌控制和过渡金属氧化物复合，虽然使材料导电性有了一定的增加，但还远不如碳材料等各种导电材料。因此，将 NiCo$_2$O$_4$ 纳米材料与导电粒子复合，如碳材料[79-95]、TiN[96]、硫化物[97-99]、导电聚合物[100-105] 等，从而提高材料的导电性，进而达到提高电化学性能的目的。

（1）与碳材料复合

碳材料以其原料丰富、价格低廉、加工性能好、无毒、比表面积大、导电性能好、化学稳定性高和使用温度范围广等优点而成为双电层电容器最重要的电极材料。因此，为了增加 $NiCo_2O_4$ 的导电性、发挥其双电层电容器的协同作用，$NiCo_2O_4$ 与不同形态的碳材料（包括无定形碳、石墨烯、碳纤维、碳纳米管、泡沫碳）复合成为研究热点[79-85]。目前，$NiCo_2O_4$-碳纳米复合材料合成的典型工艺是以合成的形态各异的碳材料为基材，用水热法结合煅烧工艺。

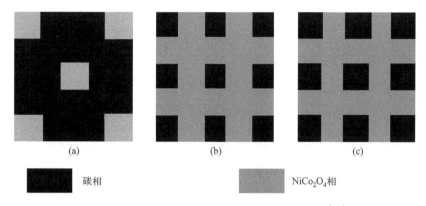

(a)　　　　　　　(b)　　　　　　　(c)

■ 碳相　　　　　　■ $NiCo_2O_4$相

图 1.9　碳和 $NiCo_2O_4$ 在复合材料中的相变化示意图[80]

① 活性炭

Li 等人[79]以合成的中空活性炭微球为基材合成出由纳米片聚合而成的花状 $NiCo_2O_4$/ 碳复合材料。在电流密度为 1A/g 时，所得复合材料的比电容为 404F/g，比单相中空 $NiCo_2O_4$ 微球大 24.6%，电流密度增大 20 倍后，容量下降了 46%，充放电循环 1000 次后的容量保持率为 87.1%，第 1 次循环和第 1000 次循环后电阻从 0.55Ω 增加到 0.66Ω。Xu 等人[80]通过合成的含少量层状石墨的活性炭为基材，根据碳和 $NiCo_2O_4$ 含量的不同，水热合成三种不同结构的 $NiCo_2O_4$/ 活性炭复合材料，如图 1.9 所示。研究表明，具有图 1.9（c）结构的复合材料具有更小的电阻，在电流密度为 1A/g 时，比电容为 920F/g，比单相 $NiCo_2O_4$ 微球大 180%。

② 石墨烯

大量研究表明[81-85]，在 $NiCo_2O_4$ 中引入性能独特的氧化石墨烯（GO）或还原石墨烯（rGO）所得的复合材料的电化学性能得到很大提升。Wang 等人[81]通过将 GO 纳米片嵌入 Co-Ni 氢氧化物，然后通过热处理获得特殊纳米结构的 $NiCo_2O_4$/rGO 复合材料。在电流密度为 1A/g 下，初始比电容为 835F/g，在电流密度为 20A/g 时的初始比电容为 615F/g，充放电循环 4000 次后容量保持率达 108.8%。Zhang 等人[82]按图 1.10 的工艺制备出 $NiCo_2O_4$/rGO 纳米线阵列。在电流密度为 1A/g 时，最大的平均比电容为 1003F/g，电流密度增大到 10A/g 时，容量保持率为 89%，经充放电循环 10000 次后，容量保持率为 57%。P. Osaimany 等人[83]制备的用 rGO 支撑的微灌木状 $NiCo_2O_4$ 复合材料在扫描速率为 5mV/s 下，比电容为 1305F/g，循环 3000 次后容量保持率为 89%。E. R. Ezeigwe 等人[84]合成的 $NiCo_2O_4$/GO 纳米阵列在电流密度为 1A/g 下具有最大约 525F/g 的比电容，循环 5000 次后的容量保持率为 74%（即损失 26%）；而 Sun 等人[85]合成的中空纳米 $NiCo_2O_4$/GO 复合材料在电流密度为 1A/g 下具有 1238F/g 的比电容，电流密度增大到 10A/g 时，容量保持率为 37.3%，循环 1000 次后容量保持率为 131%。这种高的循环稳定性应该与中空的 $NiCo_2O_4$ 有关。

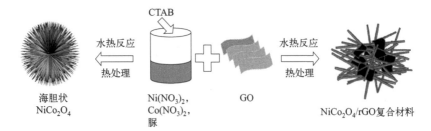

图 1.10　$NiCo_2O_4$ 和 rGO/$NiCo_2O_4$ 制备工艺[82]

③ 碳纳米纤维

碳纳米纤维（CNF）与常见的碳纤维不同，直径在纳米级，导电性和力学性能更强。Zhang 等人[86]用溶液法在 CNF 上可控地制备出 $NiCo_2O_4$ 纳米棒或纳米薄片，从而获得分层杂化纳米结构复合材料。研究发现，CNF@$NiCo_2O_4$ 纳米片杂化纳米材料在电流密度为 2A/g 时具有 902F/g 的比电容，循环 2400 次后容量损耗仅为 3.6%，这主要归因于纳米片的超薄和多孔。而 G. M. Tomboc 等人[87]通过工艺改进，在泡沫镍上水热合成出由中空 CNF 和 $NiCo_2O_4$ 纳米针聚合而成的三维蒲公英状杂化材料。该材料在电流密度为 5A/g 时，比电容和能量密度分别高达 2992.0F/g 和 93.76W·h/kg，甚至在电流密度为 50A/g 时，比电容和能量密度仍高达 1188.2F/g 和 37.23W·h/kg，10 倍电流密度下的容量保持率为 39.7%，经 3000 次循环后，容量仅损失 2.98%，表明材料充分发挥了双电层电容和赝电容的协同作用。

④ 碳纳米管

碳纳米管不仅有优异的导电性能，还有非凡的力学和化学性能。为此，Y. Xue 等人[88]以合成的 CNTs@DNA 为基材，通过均相沉淀，并用 DNA 与阳离子的强静电作用将纳米 $NiCo_2O_4$ 前驱体锚定在 CNTs 表面，最后经 350℃煅烧得到 5nm $NiCo_2O_4$ 球状晶粒包覆 CNTs@DNA 复合材料，制备工艺如图 1.11 所示。结果表明，相比于无 DNA 的 $NiCo_2O_4$-CNTs 材料，$NiCo_2O_4$-CNTs@DNA 的电阻小，比电容大且循环稳定性好。在扫描速率为 5mV/s 下，比电容为 760.0F/g，在电流密度为 5A/g 下，充放电循环 5000 次后的容量损失仅为 3.8%；组装的 ASC 装置在功率密度为 373.9W/kg 下获得最大 69.7W·h/kg 的能量密度。而 S. Xu 课题组[89]以图 1.12 的工艺流程，用均相沉淀工艺结合煅烧在 CNTs 表面包覆一层由 5nm $NiCo_2O_4$ 晶粒组成的，厚为 12nm 的 $NiCo_2O_4$ 薄膜。这种异质核-壳结构的复合材料在电流密度为 1A/g 下的比电容为 828F/g，在电流密度为 5A/g 下，充放电循环 3000 次后容量损失仅为 1%；ASC 装置在功率密度为 700W/kg 下获得最大 25.58W·h/kg 的能量密度。S.Yue 等人[90] 则采用 GO 和 CNTs 两种形貌的碳材料对 $NiCo_2O_4$ 进行改性，其制备工艺如图 1.13 所示。首先用氨气氮化还原工艺将 GO/CNTs 中的 GO 转化为氮掺杂氮化石墨烯（NGN），并以此为基材，用水热法在其表面上合成出 $NiCo_2O_4$ 纳米片，进而得到具有独特结构的 $NiCo_2O_4$/NGN/CNTs 材料。研究表明，在电流密度为 5A/g 时，最大比电容高达 2292.7F/g，相当于 482.7F/cm³ 的体积电容，甚至在 30A/g 下，充放电循环 10000 次后的容量保持率仍高达 125%；组装的 ASC 装置在功率密度为 775 W/kg 时，获得最大能量密度为 142.71W·h/kg，循环 10000 次后，容量仅损失 14%。

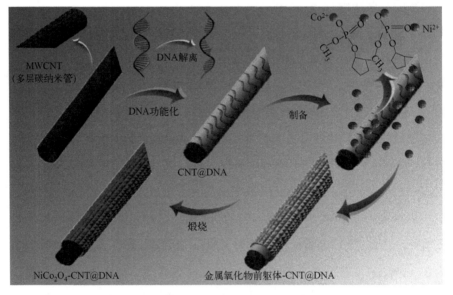

图 1.11 典型合成工艺示意图[88]

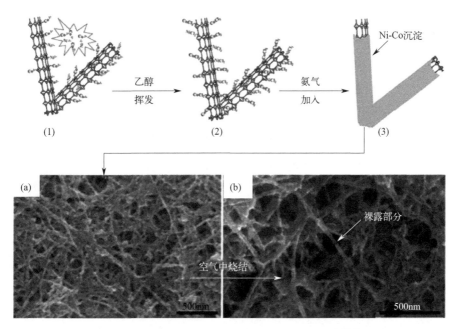

图 1.12　NiCo$_2$O$_4$ 纳米晶沉积在 CNTs 上的示意图[89]

（a）Ni-Co 前驱体的 SEM 图；（b）NiCo$_2$O$_4$/CNTs 膜的 SEM 图

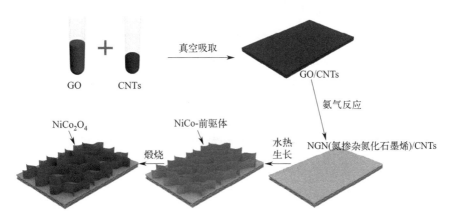

图 1.13　NiCo$_2$O$_4$ 纳米片在 NGN/CNTs 薄膜上生长的工艺示意图[90]

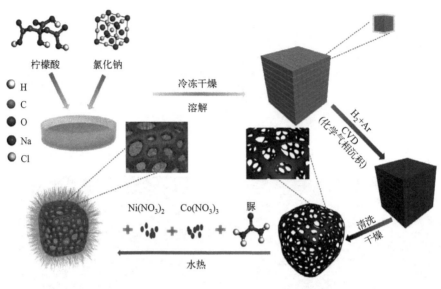

图 1.14 NiCo₂O₄/3D-OPC 合成工艺示意图[91]

⑤ 碳泡沫（多孔碳）

K. Dong 等人[91]首先用柠檬酸和氯化钠经溶解、冷冻、煅烧、水洗、干燥等过程得到 3D 多孔碳（3D-OPC），并以此为基材，在水热条件下，在其表面均匀生长出直径为 10～20nm 的 NiCo₂O₄ 纳米棒，形成了杂化纳米复合材料，其工艺过程如图 1.14 所示。所得材料在电流密度为 0.5A/g 时，比电容达 1297F/g，当电流密度增大到 5A/g 时，容量保持率达 96.65%；ASC 装置在功率密度为 1.55kW/kg 时获得 29.23W·h/kg 的能量密度；在电流密度为 1A/g 下，充放电循环 3000 次后容量保持率为 87.6%。W. Xiong[92]，D. Gao[93] 和汪静敏[94] 等人分别以软体动物壳、柚子皮和玉米芯等三种不同的生物质为原料，经处理得到不同形貌的多孔碳（PC），其工艺如图 1.15 所示，并以此为基材，用水热 - 煅烧法在其表面分别生长出 1D NiCo₂O₄ 纳米线、2D NiCo₂O₄ 纳米片和 3D NiCo₂O₄ 纳米花，进而得到不同结构的纳米复合材料。在电流密度为 5A/g 下，比电容分别为 1400F/g、1137.5F/g 和 425F/g，即使同为蜂窝状的多孔碳，比电容也存在很大的差别，但倍率性能和循环稳定性差别不大。这表明多孔碳的形状和大小以及纳米 $NiCo_2O_4$ 的形貌都对材料的电化学性能有重要影响。近来，H.Tong 等人[95]研制出一种新型的，超轻的，极易压缩的，中空氮掺杂 3D 弹性单壁碳纳米管海绵（NSCS），并以此为基材，用水热-煅烧法制备出 $NiCo_2O_4$ 纳米片/NSCS 的杂化材料，制备工艺如图 1.16 所示。该材料在电流密度为 1A/g 下，具有 597F/cm^3 的体积比电容和 1074F/g 的质量比电容，在电流密度为 5A/g 下，充放电循环 5000 次后容量保持率在 100%；而 ASC 装置在功率密度为 536 W/kg 下获得高达 47.65W·h/kg 的能量密度。

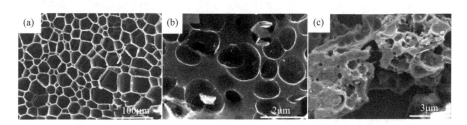

图 1.15 由不同生物质原料制备的三种不同形貌的多孔碳
（a）软体动物壳[92]；（b）柚子皮[93]；（c）玉米芯[94]

总之，尽管引入的碳材料形貌、形态不同，但在相同工艺下，相比于单相材料，复合材料都能显著提高 $NiCo_2O_4$ 材料的电化学性能，为 $NiCo_2O_4$ 基材料在超级电容器中的实际应用提供了切实可行的材料体系。

（2）导电陶瓷

过渡金属氮化物（如 TiN）和硫化物（如 MoS_2、$NiCo_2S_4$）等导电陶瓷与相应的氧化物相比，有更好的电子导电性和电化学性能而在储能领域受到关注，并取得了一些有价值的成果[106-118]。为此，在纳米 NiCo$_2$O$_4$ 基体中引入导电陶瓷，并通过形貌控制来达到提高 NiCo$_2$O$_4$ 导电性，进一步提高其电化学性能的目的。

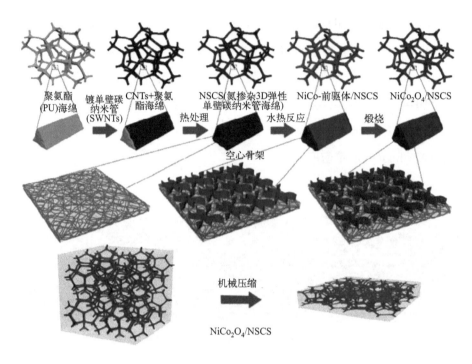

图 1.16　NSCS 和 NiCo$_2$O$_4$/NSCS 制备工艺示意图[95]

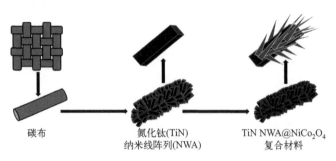

图 1.17　在碳布上生长的 TiN NWA@NiCo$_2$O$_4$ 合成工艺示意图[96]

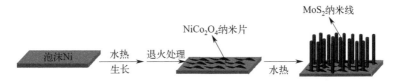

图 1.18　在泡沫镍上生长的 NiCo$_2$O$_4$ 纳米片 / 纳米线杂化材料示意图[97]

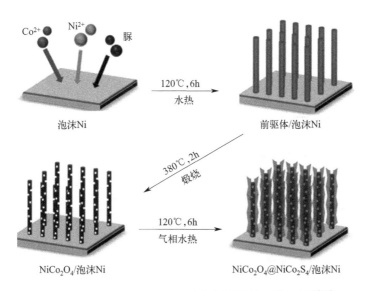

图 1.19　NiCo$_2$O$_4$@NiCo$_2$S$_4$ 纳米复合材料制备工艺示意图[98]

　　M. Liu[96] 和 S. Wen[97] 等人用两步水热合成法，通过控制原料和反应条件分别在碳布上和泡沫镍上合成出核 - 壳结构的 TiN@NiCo$_2$O$_4$ 同轴纳米线阵列（NWA）和 NiCo$_2$O$_4$ 纳米片 /MoS$_2$ 纳米线（NW）复合材料，制备工艺如图 1.17 和图 1.18 所示。与 TiN NWA 和单相 NiCo$_2$O$_4$ 相比，TiN NWA@NiCo$_2$O$_4$ 同轴纳米复合材料呈现高的比电容（在电流密度为 2A/g 时达 1200F/g），好的倍率性能（从 2A/g 到 100A/g 容量保持率为 63.6%）和优异的循环稳定性（充放电循环 5000 次后，容量损失 8.8%），并在 25 ～ 65℃的宽温度范围内能够保持稳定的电化学性能。而

NiCo$_2$O$_4$/MoS$_2$ 杂化纳米材料在扫描速率为 2mV/s 时，比面积电容为 7.1F/cm^2，是单相 NiCo$_2$O$_4$ 的 7 倍多；ASC 装置在电流密度为 1.5A/g 时，比电容达 51.7F/g，在功率密度为 1.2kW/kg 下获得最大能量密度为 8.4W·h/kg，经充放电循环 8000 次后容量仅损失 1.8%。H. Rong 等人[98] 用如图 1.19 所示的制备工艺，两步水热法结合煅烧工艺在泡沫镍上合成出分层核-壳结构的 NiCo$_2$O$_4$@NiCo$_2$S$_4$ 纳米复合材料，即 NiCo$_2$S$_4$ 纳米片生长在多孔 NiCo$_2$O$_4$ 纳米线上。这种电极材料在电流密度为 1A/g 下呈现出 1872F/g 的比电容，当电流密度增大到 10A/g 时，容量保持率为 70.5%，充放电循环 4000 次后容量损失 35%，这些性能要比 NiCo$_2$O$_4$ 纳米线阵列高得多；ASC 装置在电流密度为 2A/g 时，获得 35.6W·h/kg 的能量密度和 1.5kW/kg 的功率密度。而 S. Raj 等人[99] 用一种如图 1.20 所示的低温氨蒸发技术，在泡沫镍基材上制备出 NiCo$_2$O$_4$ 纳米片和 NiCo$_2$S$_4$ 纳米片、球杂化的三维纳米结构材料。该杂化纳米结构材料在 1.8A/g 和 9A/g 下分别获得高达 3671F/g 和 2767F/g 的比电容，在 10A/g 下循环 2000 次，容量损失 16%；同样，ASC 装置也具有极高的能量密度和功率密度，在功率密度为 8.82kW/kg 下，能量密度达 41.65W·h/kg，这要比单相 NiCo$_2$O$_4$ 纳米片高得多。造成性能差异的原因主要是纳米复合材料的形貌和结构的差异导致法拉第氧化还原反应活性、电荷传输的速度和内阻的不同。

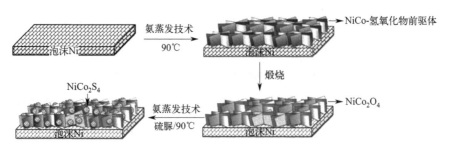

图 1.20　NiCo$_2$O$_4$@NiCo$_2$S$_4$ 杂化纳米结构材料制备工艺示意图[99]

（3）导电聚合物

导电聚合物法拉第电容的产生是靠电极内可逆的 p 型或 n 型掺杂和去掺杂这样一种氧化还原反应来实现的。导电聚合物以其价格低、重量轻、结构可设计、经掺杂后电导率高、工作电压窗口高、比功率高、比能量高和环境友好等特点而成为一类很有前途的超级电容器电极材料[119-123]。正是由于聚吡咯（PPy）和聚苯胺（PANI）的这些特点，所以它们被引入 $NiCo_2O_4$ 基体中以提高其电化学性能。

J. Hu[100]、S. Liu[101]、D. Kong[102] 和 T. Chen[103] 四个课题组采用的工艺相似，都是先用水热法在基材上合成 $NiCo_2O_4$ 纳米线阵列，然后在其表面化学反应沉积一层 PPy 纳米级薄膜，形成分层核 - 壳结构的 $NiCo_2O_4$@PPy 纳米线阵列；不同之处在于基材和沉积 PPy 的方法不同。文献 [100，101] 以泡沫 Ni 为基材，典型的制备工艺如图 1.21 所示，而文献 [102，103] 则以碳布或碳纤维（类似碳布）为基材，制备工艺如图 1.22 所示。S. Liu 等人[101] 优化所得的纳米线阵列具有高的比电容（电流密度为 2A/g 时为 2303F/g），优异的倍率性能和循环稳定性（充放电循环 5000 次后容量保持率为 93.9%，损失 6.1%）；ASC 装置在功率密度为 362W/kg 下获得 45.6W·h/kg 的能量密度。而 D. Kong[102] 合成的同轴的纳米线阵列同样具有较高的比电容（电流密度为 2A/g 时为 2180F/g），较好的循环性能（在电流密度为 3A/g 时，充放电循环 5000 次后容量保持率为 89.5%，损失 10.5%）；ASC 装置在功率密度为 365 W/kg 下获得高达 58.8W·h/kg 的能量密度。相比较而言，基材不同，所得材料性能也会呈现一些差异。

C. Pan 等人[104] 用水热法结合煅烧工艺，先用十六烷基溴化铵为软模板，在碳布上生长出 $NiCo_2O_4$ 纳米管阵列，然后再用电化学沉积在其表面包裹 40nm 厚的 PANI 层，制备工艺如图 1.23 所示。所得的 $NiCo_2O_4$@PANI 核 - 壳纳米复合材料在 5A/g 下，比电容为 1187.5F/g，循环 10000

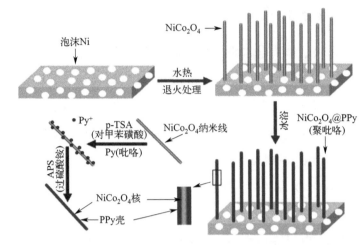

图 1.21　在泡沫镍上生长的 NiCo$_2$O$_4$@PPy 核 - 壳纳米线阵列制备工艺示意图[100, 101]

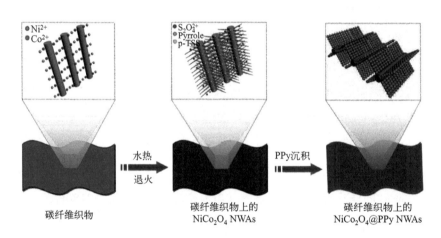

图 1.22　在碳布上的分层介孔 NiCo$_2$O$_4$@PPy 杂化纳米线阵列的制备工艺示意图[102, 103]

次后容量保持率高达 99.6%。而 H. Xu 等人[105]用两步湿化学法制备出较致密的 NiCo$_2$O$_4$@PANI 核 - 壳纳米复合材料，在电流密度为 5A/g 下，比电容仅为 436.4F/g，充放电循环 1000 次后容量保持率也仅为 66.11%。这表明合适的气孔率和颗粒形貌对 NiCo$_2$O$_4$@PANI 纳米复合材料性能有重大影响。

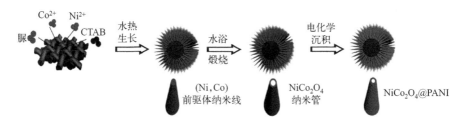

图 1.23 NiCo₂O₄@PANI 纳米管电极合成的示意图[104]

1.5.4 多相复合

上述总结表明，在相同的制备工艺下，两相复合的 $NiCo_2O_4$ 基复合材料均比单相 $NiCo_2O_4$ 呈现出更优异的电化学性能。为此，研究者尝试通过合理的结构设计，发挥多相材料的协同作用以获得电化学性能更好的 $NiCo_2O_4$ 基超级电容器电极材料。目前多相复合的研究体系不多，主要有 PANI/CNTs、PANI/MF（MF 指三聚氰胺泡沫）、rGO/SiC、NiO/Co_3O_4 等复合添加剂。

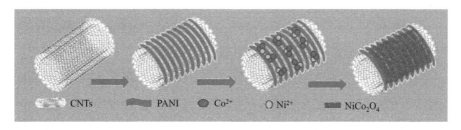

图 1.24 复合材料合成示意图[124]

G. Chaudharya 等人[124]用两步非均相成核工艺，如图 1.24 所示，先在 CNTs 表面包覆 25～30nm 的球形 PANI 层，然后在获得的 CNTs@PANI 基材表面沉积一层具有不同形貌的 $NiCo_2O_4$ 纳米晶粒。研究表明，生成 1D 针状 $NiCo_2O_4$ 纳米晶所得的复合材料比棒状和 2D 薄片状纳米晶所得复合材料具有更高的比电容,更好的倍率和循环性能。在电流密度为 1A/g 下,CNTs@PANI@ 针状 NiCo$_2$O$_4$ 的比电容为 2000F/g,充放电循环 500 次的容量损失有些高,达 16.85%。该工作再次证明,NiCo$_2$O$_4$ 纳米晶的形貌对材料的电化学性能有着重要的影响。

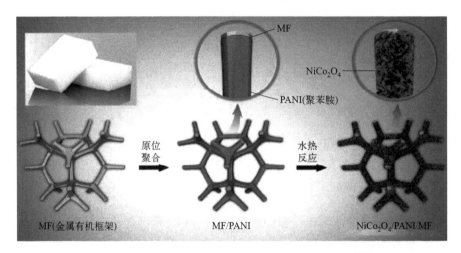

图 1.25　制备 3D NiCo$_2$O$_4$/PANI/MF 复合材料的示意图[125]

F. Cui 等人[125]主要用 MF 的高气孔率、力学性能和柔韧性来代替泡沫镍和碳布作为无黏结剂超级电容器的柔性电极材料。由于 MF 不导电,所以用图 1.25 的工艺对 MF 基材进行复合处理。首先用 PANI 包覆在 MF 孔壁上,然后用水热法结合煅烧的工艺在制备的 PANI/MF 表面生长出相互连通具有开放结构的 NiCo$_2$O$_4$ 纳米片。所得纳米复合材料在电流密度为 2A/g 下,比电容为 1540.1F/g,充放电循环 1500 次后的容量损失率为 7.2%。ASC 装置在功率密度为 613.6W/kg 下获得 40W·h/kg 的能量密度,充放电循环 1000 次后容量损失 12%。作者认为电化学性能的提高归因于有利于电荷转移的有序 MF 孔道和 NiCo$_2$O$_4$ 纳米片提供的大量用于电化学反应的活性点。

J. Zhao 等人[126]在碳纤维布（CC）表面直接沉积了具有优良的耐腐蚀性、抗氧化性、耐高温性、良好的导电性和较大的比表面积的 SiC 纳米线（SiC NWs）作为支架（基材），然后用水热法结合煅烧工艺在其表面生长松散、多孔和超薄的 $NiCo_2O_4$/NiO 纳米片（$NiCo_2O_4$/NiO NSs），制备工艺如图 1.26 所示。这种纳米复合材料在 $1mA/cm^2$ 下，呈现高达 1801F/g 的比电容。ASC 装置在功率密度为 1.66kW/kg 下得到高达 $60W \cdot h/kg$ 的能量密度，充放电循环 2000 次后容量损失 9.1%。

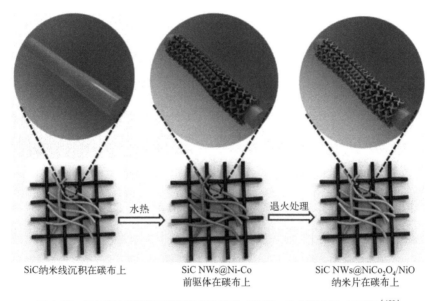

图 1.26　用水热法和煅烧工艺制备 SiC NWs@$NiCo_2O_4$/NiO NSs 示意图[126]

M. Mirzaee 等人[45]用计时电位法（本质上就是电化学沉积）在合成的 Ni-NiO 泡沫上先沉积 rGO，并以此为骨架，在其表面生成瓣厚为 30nm 的 $NiCo_2O_4$ 纳米花。优化的纳米复合材料在电流密度为 5A/g 下，比电容达 1701F/g，且在电流密度为 20A/g 下，充放电循环 4000 次后的容量损失也仅有 6%。而 Liu 等人[127]在电极材料组成体系设计中用

Co$_3$O$_4$ 替换了 rGO，并用 sol-gel 法结合煅烧工艺制备出低结晶度的 NiO/NiCo$_2$O$_4$/Co$_3$O$_4$ 纳米复合材料。在电流密度为 5A/g 下，比电容达 1400F/g，并且在电流密度为 2.5A/g 下，充放电循环 1000 次后容量保持率为 94.9％。对比可知，材料良好的电化学性能是小的电阻（减小电荷转移的阻力），较大的比表面积（增加活性反应点），合理的孔道设计（有利于增大与电解质的接触面和电荷的快速转移），特殊的晶粒形貌和各组分协同效应等多因素共同作用的结果。

第二章

原位聚合物模板法制备多孔 $NiCo_2O_4$ 纳米材料及其性能的研究

▲ ▲ ▲ ▲ ▲

2.1 引言

尖晶石 $NiCo_2O_4$ 电极材料的纳米结构设计，如晶粒纳米化、多孔性和形貌控制，是提高比容量、功率密度和循环稳定性的有效措施，尤其是材料的多孔性能够显著提高其充放电循环稳定性和使用寿命，这对于该材料大规模应用至关重要。目前，$NiCo_2O_4$ 多孔材料孔的形成主要有两种方法：①在一定表面活性剂的诱导下，通过纳米晶的聚合、堆积而形成介孔材料[20,32]；②在多孔基材上成核、生长介孔 / 大孔纳米复合材料[52,128-130]。材料中孔的存在，增大了比表面积，增加了活性反应点，减小了电荷的迁移距离和离子的扩散阻力，同时也能缓冲晶格体积变化产生的应力，因而很大程度上提高了电极材料的倍率性能和循环稳定性。然而合成的高性能多孔 $NiCo_2O_4$ 材料多采用水热法制备，虽然性能优异，但在长时间、多次充放电循环下，比容量仍有明显的损失，且水热法自身的缺点也决定了其很难大规模生产。为此，本章拟用新颖的原位合成聚合物模板法来制备多孔 $NiCo_2O_4$ 纳米结构电极材料，并对工艺原理、材料表征及电化学性能进行研究。

2.2　原位聚合物模板法制备多孔纳米 NiCo₂O₄ 及其复合材料

2.2.1　具有 3D 网络聚合物凝胶体的原位合成

首先按一定质量比称取丙烯酰胺和 N, N- 亚甲基双丙烯酰胺，溶解在去离子水中，配制成浓度为 3.5% ～ 15.5%（质量分数）的溶液（简称：丙烯酰胺溶液），待用，接着按化学计量比 2∶1∶4 称取一定量的硝酸钴、硝酸镍和尿素，转移到一定体积的丙烯酰胺溶液中，在磁力搅拌下完全溶解后，再用一定浓度的丙烯酰胺溶液调节金属离子浓度，得到具有不同金属离子浓度的混合溶液，然后采用催化、加热和氧化还原等方式引发凝胶，最后得到具有 3D 网络的聚合凝胶体。

2.2.2　多孔纳米 NiCo₂O₄ 材料的合成

在 2.2.1 工艺优化的基础上，量取一定体积的 7.5%（质量分数）的丙烯酰胺溶液，接着按化学计量比 2∶1∶4 称取一定量的硝酸钴、硝酸镍和尿素，转移到溶液中，在磁力搅拌下完全溶解后，再用丙烯酰胺溶液调节金属离子浓度至 0.3mol/L，然后量取刚配制的混合溶液 100mL，在磁力搅拌下先向其中滴入 10 滴（约 0.2g）新制的 10%（质量分数）亚硫酸铵溶液和 10 滴（约 0.2g）10%（质量分数）过硫酸铵溶液，搅拌混合30s 后迅速转移至可封闭的容器中（转移过程要沿容器壁缓慢倒入，尽量避免气泡的产生），室温下凝胶。为了保证完全凝胶，湿凝胶在室温下保持 20min，然后再进行密封，接着将密封好的容器放入 105℃恒温干燥箱中，反应 6h 后取出，待冷却后将湿凝胶从容器中取出。为了便于干燥，将湿凝胶体切成四块，继续放置在 100℃ 的恒温干燥箱中干燥 24h，得到干凝胶。干凝胶在空气气氛下，在不同温度下煅烧，获得黑色蓬松的样品。为了去除硫酸根离子及其他可溶性杂质，获得的粉末用去离子水滤洗多次，直到滤液用 0.1mol/L 乙酸钡溶液检测不到白色沉淀出现为止，然后用乙醇滤洗一次，最后将样品放入温度为 75 ~ 80℃ 的恒温鼓风干燥箱中干燥 12h。

2.2.3　多孔 $NiCo_2O_4$/GO 纳米复合材料的合成

首先按 2.2.2 的方法配制含单体、交联剂、金属离子和尿素的混合溶液 60mL，所得溶液定义为 A；另取一个 50mL 烧杯，向其中加入 20mL 7.5%（质量分数）丙烯酰胺溶液，适量 GO 和 PVP-K30 分散剂，超声分散处理 30min，所得悬浮液定义为 B；在磁力搅拌过程中，将溶液 A 按比例逐滴加入悬浮液 B 中，滴加结束后，加 7.5%（质量分数）丙烯酰胺溶液调整至 100mL，使金属离子浓度为 0.3mol/L，继续搅拌 10min，然后加入 5 滴 10%（质量分数）亚硫酸铵水溶液，搅拌 30s 后再加入 5 滴 10%（质量分数）过硫酸铵水溶液，快速搅拌 20s 后转移至可密闭的容器中（转移过程要沿反应釜器壁缓慢倒入，尽量避免气泡的产生），进行室温凝胶。接下来按 2.2.2 的后处理方法得到干凝胶。干凝胶在马弗炉中，在空气气氛下 300℃ 煅烧 4h，为了去除硫酸根离子及其他可溶性杂质，获得的 $NiCo_2O_4$/GO 粉末用去离子水滤洗多次，直到滤液用 0.1mol/L 乙酸钡溶液检测不到白色沉淀出现为止，然后用乙醇滤洗一次，最后将样品放入温度为 75 ~ 80℃ 的恒温鼓风干燥箱中干燥 12h，得到 GO 含量不同的黑色样品。最终产品 $NiCo_2O_4$/GO 中 GO 含量为 2%、5%、10% 和 15%。

2.2.4 多孔 $NiCo_2O_4$/NiO 纳米复合材料的合成

首先按 2.2.2 的工艺，在优化温度 300℃下制备出多孔 $NiCo_2O_4$ 纳米粉体，接着在等质量粉体中分别加入所需质量的硝酸镍和乙醇，乙醇的加入量使硝酸镍的浓度为 0.05mol/L，然后在加热磁力搅拌器（设定温度50℃）中搅拌溶解、蒸发，持续加热搅拌至搅拌子不动为止，然后将黏稠状料浆放入 75～80℃恒温鼓风干燥箱中干燥 12h，取出后在马弗炉中280℃煅烧 1h，得到 NiO 含量不同的多孔 $NiCo_2O_4$/NiO 纳米复合材料。

2.3 原位聚合物模板法的工艺原理及关键因素研究

2.3.1 基本工艺原理

原位聚合物模板法是指在一定浓度的丙烯酰胺和 N, N'-亚甲基双丙烯酰胺的混合水溶液中，加入特定化学计量比的可溶的钴、镍盐和尿素，然后在引发剂的作用下聚合成具有网状结构的聚丙烯酰胺聚合物网络凝胶体（简称凝胶体），并以此为模板，先经 105℃的密闭反应，即发生尿素分解和钴、镍离子的沉淀反应，反应结束后取出干燥，然后干凝胶在300～400℃煅烧，获得多孔 $NiCo_2O_4$ 纳米结构电极材料，最后对材料进行表征和电化学性能测试与分析，其工艺原理如图 2.1 所示。

2.3.2 凝胶方式的影响

该方法关键在于合成具有高分子网络结构的凝胶体。在引发剂的作用下，单体丙烯酰胺和交联剂 N, N'-亚甲基双丙烯酰胺发生自由基聚合反应，形成包含水、钴镍离子和尿素的聚丙烯酰胺凝胶体。反应过程[131-133]分为链引发、链增长和链终止三步基元反应。由于链增长反应的活化能低，

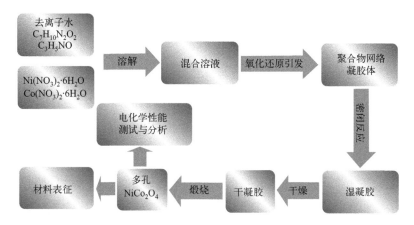

图 2.1　原位聚合物模板法制备多孔 NiCo₂O₄ 纳米电极材料的工艺原理图

约为 20 ～ 34kJ/mol，且为放热反应，所以链增长速率极高；另外，活性链（丙烯酰胺单体自由基和 N, N' - 亚甲基双丙烯酰胺自由基）终止反应活化能很低，遇到自由电子或活泼的自由基时都极易反应而失去活性，形成稳定分子，因此链终止速率也很高；相比较而言，链引发速率大小，成为控制整个聚合反应速率的关键，也是控制凝胶过程的关键步骤。而链引发速率大小与引发方式密切相关。目前，在水溶性体系中，无机过氧化物，即过硫酸铵是最常用的引发剂，在一定条件下，其在水中发生如下分解反应：

$$(NH_4)_2S_2O_8 \longrightarrow 2NH_4SO_4 \cdot \qquad (2\text{-}1)$$

分解产物既是离子，又是自由基，可称作离子自由基或自由基离子。自由基离子分别引发单体和交联剂使其变成单体自由基，然后发生快速的链增长和交联反应。

过硫酸铵引发剂的引发速率与引发剂的分解速率密切相关。而引发剂的分解速率常数（k_d）与温度（T）的关系遵循 Arrhenius 经验公式[134]：

$$k_d = A_d \cdot e^{-E_d/RT} \qquad (2\text{-}2)$$

式中，A_d 为频率因子，单分子反应的 A_d 一般在 10^{13} ～ 10^{14} 左右；E_d

为分解活化能，一般为 $105 \sim 150kJ/mol$。对过硫酸铵而言，$E_d=122.14kJ/mol$[135]，根据式（2-2）可计算出，50℃时，$k_d=9\times10^{-7}$；60℃时，$k_d=3.1\times10^{-6}$；70℃时，$k_d=2.3\times10^{-5}$。由此可知，温度对引发剂的分解速率影响极大。前期的研究表明[136,137]，以单一的过硫酸铵引发，温度在50℃以下时，由于分解速率太小，很难聚合凝胶，若想得到性能良好的凝胶体，温度控制在 $65 \sim 70$℃是比较理想的。原因在于：分解后的自由基离子并不都能用来引发单体和交联剂聚合，还有一部分会因诱导分解和/或笼闭效应伴随的副反应而损耗了[108]，因而当温度低时，分解后的自由基离子较少，再加上分解生成的 $SO_4\cdot$ 自由基离子会因副反应或部分引发的单体和交联剂自由基相遇而失去活性，这导致很难获得足够的单体和交联剂自由基聚合形成高聚物网络凝胶体。若要提高聚合反应速率，要么在低温（约50℃）下增加引发剂的用量，要么提高分解反应温度。但对本体系而言，若加入较多的过硫酸铵在低温下引发，则会因过硫酸根的强氧化性而使部分二价钴、镍离子被氧化，产生不能重新溶解的白色沉淀，不利于反应控制和实验设计；若温度升高，水溶液体系中的钴、镍离子和尿素会发生水解反应，从而使整个聚合凝胶反应过程影响因素更多，难以控制反应过程。综上考虑，聚合凝胶反应在低温或室温下进行。目前，以过硫酸铵为引发剂，凝胶引发方式主要有三种：加热，催化剂促进和氧化还原。后两种引发方式，目的都是为了降低反应活化能，降低反应温度，使聚合凝胶方式在低温或室温下进行。催化促进凝胶是在设计的水溶性体系中加入过硫酸铵引发剂后，再加入催化促进剂而使其在室温快速聚合凝胶；而氧化还原引发则是在加入过硫酸铵后，加入还原剂（如亚硫酸钠），在低温或室温聚合凝胶。催化促进剂常用 N,N,N',N'-四甲基乙二胺（TEMED），碱性很强，容易与钴、镍离子形成沉淀，且 TEMED 毒性大，故不适合本溶液体系；而用亚硫酸钠-过硫酸铵氧化还原引发剂，反应速率容易控制，且无毒、环保。三种凝胶方式结果对比如表2.1所示。故实验采用亚硫酸钠-过硫酸铵氧化还原引发剂体系。

表2.1　三种凝胶方式的对比（100mL）

凝胶方式	温度 /℃	凝胶时间 /min	现象
加热	50	不凝胶	溶液
加热	65	20	弹性好，半透明
催化促进剂（TEMED）	室温	5	弹性好，有白色沉淀
氧化还原	室温	15	弹性好，透明

注：过硫酸铵 0.2g；硝酸钴 0.3mol/L；硝酸镍 0.15mol/L；尿素 0.9mol/L。

2.3.3　单体和交联剂浓度及比例对聚合凝胶体物理性质的影响

原位合成的聚丙烯酰胺凝胶体的一些物理性质，如孔径、机械强度和透明度等性质在很大程度上是由凝胶浓度和交联度决定的。凝胶浓度（T）和交联度（C）分别用式（2-3）和式（2-4）表达[138]：

$$T(\%)=\frac{a+b}{V}\times 100\% \tag{2-3}$$

$$C(\%)=\frac{b}{a+b}\times 100\% \tag{2-4}$$

式中，a 为丙烯酰胺单体的质量，g；b 为 N,N'- 亚甲基双丙烯酰胺交联剂的质量，g；V 为凝胶溶液的体积，mL。不同凝胶浓度和交联度对聚丙烯酸凝胶体性质的影响如表 2.2 所示。

表2.2　不同凝胶浓度（T）和交联度（C）对凝胶体性质的影响

现象　$T/\%$ $C/\%$	3.5	7.5	11.5	15.5
1	糊状，透明	软，透明	弹性适中，透明	略硬，半透明
5	糊状，透明	弹性适中，透明	硬，半透明	硬而脆，半透明
10	稀软，透明	弹性适中，透明	硬而脆，不透明	硬而脆，不透明
15	稀软，半透明	硬，不透明	硬而脆，不透明	硬而脆，不透明

注：引发剂体系为过硫酸铵 + 亚硫酸钠；硝酸钴 0.2mol/L；硝酸镍 0.1mol/L；尿素 0.6mol/L。

由表 2.2 可知，当 T 一定，且不小于 7.5% 时，随着 C 的增加，合成的聚丙烯酰胺凝胶体逐渐变硬、变脆，透明度逐渐变差；当 C 一定时，随着凝胶浓度的增加，凝胶体由软变硬、变脆，透明度变差；当 T 较低时，如 3.5%，凝胶体稀软，不成形，粘壁，无法操作；当 C 和 T 均比较高时，凝胶体不透明，且硬而脆，不易脱模。

由于具有网络结构的聚丙烯酰胺高聚物凝胶体的网孔的大小直接影响以此为模板制备的多孔 $NiCo_2O_4$ 电极材料的性能，所以凝胶体的网孔直径是考虑的一个关键的技术参数。网孔平均直径（P）与凝胶浓度（T）密切相关，二者之间的关系可以用式（2-5）来表达[59]：

$$P=\frac{kd}{T^{1/2}} \tag{2-5}$$

式中，P 为网孔平均直径；T 为凝胶浓度；d 为该多聚体分子直径，若不是卷曲分子，应为 0.5nm；k 为常数，k 值取决于凝胶的几何构型，假如多聚体链是以近似于直角交联的，则 k 约为 1.5。根据式（2-5），可以近似地计算出不同 T 下的网孔直径，如图 2.2 所示。由图 2.2 可知，凝胶体的平均孔径随着凝胶浓度的增大而减小。当 T 大于 7.5% 时，减小的幅度趋缓。当然计算是粗略的，与实际情况有一定距离，因为这里仅考虑了凝胶浓度对孔径的影响，这仅是湿凝胶的孔径，实际孔径还要考虑交联度、其他可溶物质及干燥、煅烧温度等因素的影响。因此，孔径大小仅有理论上的指导意义。对于已应用的聚丙烯酰胺凝胶体来说，凝胶浓度为 7.5% 的凝胶体被称为标准凝胶体，其中单体与交联剂的质量比为 19：1。从上述研究也可以看出，凝胶浓度为 7.5% 时，凝胶体综合物理性质较好。因此本书如不特别指出，后面的研究均采用这种凝胶浓度。

2.3.4 原料浓度对凝胶时间和晶粒尺寸的影响

实际上，原料的总浓度包括硝酸钴、硝酸镍和尿素，由于三者之间有固定的比例关系，所以为了分析方便，这里用 Co^{2+} 为代表来研究原料浓度对凝胶时间和晶粒尺寸的影响。图 2.3 为浓度（Co^{2+}）与凝胶时间的关系。可以看出，随着 Co^{2+} 浓度的增加，凝胶时间明显变短，且凝胶体弹性大，有黏性。这与我们以前的研究结果不一致，是相反的。作者当时用原理相同的方法合成镁铝尖晶石的结论是：随着原料浓度的增大，凝胶时间变长，其原因在于随着浓度的增大，溶液中 Al^{3+}、Mg^{2+} 会阻碍引发的单体自由基发生聚合反应，从而延长了凝胶时间[139]。本结果相反的原因应该是由 Co^{2+} 引起的。通常，Co^{2+} 在含有双键的不饱和聚酯或单体聚合时起到促进作用。其作用机理如下：

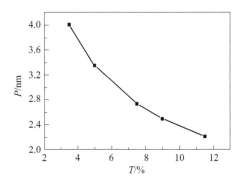

图 2.2 凝胶浓度与凝胶体平均孔径的关系曲线

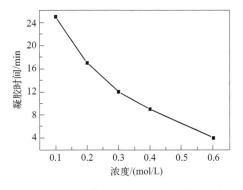

图 2.3 原料（Co^{2+}）浓度和凝胶时间的关系曲线

$$2NH_4^+ + S_2O_8^{2-} + Co^{2+} \longrightarrow 2NH_4^+ + SO_4 \cdot + Co^{3+} + SO_4^{2-} \qquad (2\text{-}6)$$

$$SO_4 \cdot + H_2C = CH - \overset{\overset{\displaystyle O}{\|}}{C} - NH_2 \longrightarrow O_3SO - CH_2 - \overset{\overset{\displaystyle H}{|}}{\underset{\underset{\displaystyle O = C - NH_2}{|}}{C} \cdot} \qquad (2\text{-}7)$$

$$SO_4 \cdot + H_2C = CH - \overset{\overset{\displaystyle O}{\|}}{C} - NH - CH_2 - NH - \overset{\overset{\displaystyle O}{\|}}{C} - CH = CH_2 + SO_4 \cdot \longrightarrow$$

$$O_3SO - H_2C - \overset{\displaystyle \cdot}{C}H - \overset{\overset{\displaystyle O}{\|}}{C} - NH - CH_2 - NH - \overset{\overset{\displaystyle O}{\|}}{C} - \overset{\displaystyle \cdot}{C}H - CH_2 - OSO_3 \qquad (2\text{-}8)$$

$$O_3SO - CH_2 - \overset{\overset{\displaystyle H}{|}}{\underset{\underset{\displaystyle O = C - NH_2}{|}}{C} \cdot} + nH_2C = CH - \overset{\overset{\displaystyle O}{\|}}{C} - NH -$$

$$O_3SO \overset{\overline{}}{+} CH_2 - CH \overset{\overline{}}{\Big]_n} CH_2 - \overset{\overset{\displaystyle H}{|}}{C} \cdot \qquad (2\text{-}9)$$
$$\quad\quad\quad\quad O = C - NH_2 \quad O = C - NH_2$$

由式（2-6）可知，Co^{2+} 可以促进 SO$_4 \cdot$ 自由基离子的产生，随着 Co^{2+} 浓度的增加，在相同时间内必然会产生更多的自由基离子，从而促进更多单体和交联剂自由基的生成，如式（2-7）式（2-8）所示，进而链增长［见式（2-9）］很快，最终导致聚合凝胶体在短时间内形成。若凝胶时间太短，则会在引发剂未充分混匀时就发生凝胶，不利于获得均匀的微观结构和实验过程的控制。

为了考察原料浓度对晶粒尺寸的影响，凝胶体在 105℃干燥 24h 后，在空气气氛下，400℃煅烧 4h。不同原料浓度（Co^{2+}）下，煅烧粉体的 TEM 如图 2.4 所示。由图可知，晶粒尺寸分布范围窄，近似球形，晶粒间存在孔隙；原料浓度大时，相应的晶粒尺寸也大；原料浓度为 0.2mol/L 和 0.4mol/L 所得粉体的晶粒尺寸分别为 5～9nm 和 10～14nm。据报道[140]，在封闭反应和煅烧过程中，成核和生长，尤其是在金属盐溶液浓度较高的情况下，往往伴随聚结过程（clustering），即形成的核与超细颗粒或超细颗粒之间相互合并形成较大的粒子；当小颗粒聚结到大颗粒上时，通过表面反应、表面扩散或体积扩散而"溶合"到大颗粒之中，形成一个更大的一次颗粒，但也可能只在颗粒间相互接触处仅"颈部溶合"或通过颗粒间作用力形成一个大的、多孔的二次颗粒，即我们常说的颗粒团聚体。在"溶合"反应足够快，即"溶合"反应所需时间小于颗粒两次有效相邻碰撞间隔时间的情况下，通过聚结过程形成一个大的一次颗粒，反之则形成多孔的颗粒团聚体。对本实验来说，由于在沉淀和煅烧过程中，成核和生长是在原位合成的聚合物网络中进行，同一网格内颗粒间接触、碰撞的概率远大于相邻网格间的，所以颗粒分布范围窄，很难形成更大的一次颗粒，而是以多孔纳米颗粒聚集体存在。而原料浓度大，颗粒尺寸大，这归因于单位网格中有效成分多，成核后，相互碰撞结合机会多。

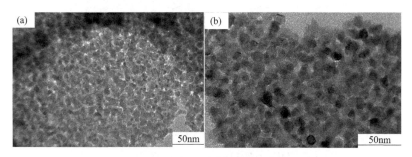

图 2.4　不同原料浓度（Co^{2+}）煅烧所得粉体的 TEM 图
（a）0.2mol/L；（b）0.4mol/L

2.4　NiCo$_2$O$_4$ 的表征与分析

由于纳米尺寸的 NiCo$_2$O$_4$ 电极材料能够提高材料的导电性、增大比表面积、增加反应活性和提高电化学性能，而且晶粒越小，性能越好，所以在均衡性能和效率的前提下，以硝酸钴浓度为 0.2mol/L 作为实验浓度进行以下的研究。

2.4.1　聚合物凝胶体的表征与分析

图 2.5 为 105℃ 热处理前后湿凝胶体的照片。可以看出，室温凝胶是

透明的，而经过 105℃ 密闭热处理后，湿凝胶体变为不透明，且颜色也相对加深。在密闭条件下，尿素首先与水发生如下反应：

(a) 处理前　　　　　　　　　(b) 处理后

图 2.5　105℃ 热处理前后湿凝胶体的照片

$$CO(NH_2)_2 + 3H_2O \longrightarrow CO_2 + 2NH_3 \cdot H_2O \tag{2-10}$$

$$2NH_3 \cdot H_2O \rightleftharpoons 2NH_4^+ + 2OH^- \tag{2-11}$$

$$CO_2 + H_2O \rightleftharpoons CO_3^{2-} + 2H^+ \tag{2-12}$$

Ezeigwe 等[84] 认为钴、镍离子与尿素的分解产物发生如下的反应，生成了一种结构复杂的钴镍碱式碳酸盐：

$$(Co^{2+} + Ni^{2+}) + x(OH)^- + 0.5(2-x)CO_3^{2-} + nH_2O + NO_3^- + NH_4^+ \longrightarrow$$

$$(Co,Ni)(OH)_x(CO_3)_{0.5(2-x)} \cdot nH_2O \downarrow + NH_4NO_3 \tag{2-13}$$

而 Mirzaee 和 Shen 等人[45,130] 却认为钴、镍离子仅与尿素分解生成的氨水反应合成复合氢氧化物，反应式如下：

$$Ni^{2+} + 2Co^{2+} + 6OH^- + 6NO_3^- + 6NH_4^+ \longrightarrow NiCo_2(OH)_6 \downarrow + 6NH_4NO_3 \tag{2-14}$$

姑且不论反应生成的是碱式碳酸盐还是氢氧化物，两个反应都应有副产物——硝酸铵生成。然而，从干凝胶的 XRD 测试结果可以看出，见图 2.6，并未观察到硝酸铵晶体衍射峰的存在，表明干凝胶为无定形态。根据聚合凝胶法的特点，生成的硝酸铵只能存在于聚合凝胶体中，即使湿凝胶干燥，温度也仅为 100℃，并未超过硝酸铵最低分解温度

（110℃），这明显与 Li 等人$^{[136,137,140]}$的研究结果不一致。Li 等人以硝酸铝、硝酸镁和尿素或以硝酸铝和尿素为原料，并用该法制备镁铝尖晶石或氧化铝，用 XRD 手段证实了在干凝胶中存在硝酸铵晶体。众所周知，镍盐和钴盐经常作为反应的催化剂或反应促进剂使用，它们的存在很有可能降低了硝酸铵的分解温度，原因在于 Ni^{2+} 和 Co^{2+} 都容易与氨水络合，促进了式（2-15）反应的正向进行，也加速了硝酸的分解［见式（2-16）］，故在 100℃ 的干燥条件下，硝酸铵分解殆尽，从而 XRD 检测不到硝酸铵的存在。

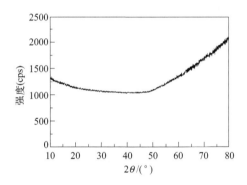

图 2.6　干凝胶的 XRD 谱图

$$NH_4NO_3 \rightleftharpoons NH_3+HNO_3 \qquad （2\text{-}15）$$

$$4HNO_3 \longrightarrow 4NO_2+O_2+2H_2O \qquad （2\text{-}16）$$

从图 2.5（b）来看，凝胶体是不透明的。这说明即使氨与最初的沉淀物形成某种程度络合，也不会导致沉淀物的溶解，因为可溶的、稳定的六配位络合物需要足够的氨水才能形成，但实验中加入的尿素的量理论上不能满足六配位络合物的生成。还有另一种可能，即凝胶中大量的氨基（单体和交联剂分子中自带的）会与 Ni^{2+} 和 Co^{2+} 形成配位键，对沉淀物起到了稳定作用。

为了验证沉淀物的组成，对干凝胶前驱体进行了红外光谱（FT-IR）

测试，如图 2.7 所示。可以看出，波数在 $3200 \sim 3500cm^{-1}$ 范围内的宽峰是 O—H 键和—NH_2 伸缩振动特征吸收峰共同作用、叠加的结果；位于 $2860 \sim 2946cm^{-1}$ 的吸收峰是由亚甲基（—CH_2—）非对称和对称伸缩振动引起的；波数在 $1523 \sim 1591cm^{-1}$ 范围内出现了一个强而宽的吸收峰，这归因于 N—H 键弯曲变形振动；位于 $1443cm^{-1}$ 处的弱峰为亚甲基的变形振动吸收；位于 $1420cm^{-1}$、$1049cm^{-1}$ 和 $1030cm^{-1}$ 处的吸收峰是由 $[CO_3]^{2-}$ 的对称和反对称伸缩振动吸收导致的[141]；在 $1346cm^{-1}$ 处的峰为 C—O 的伸缩振动吸收峰[142]；位于 $878cm^{-1}$、$743cm^{-1}$ 和 $678cm^{-1}$ 处的峰为 $[CO_3]^{2-}$ 的面外和面内弯曲振动吸收峰[141, 143]；在 $622cm^{-1}$ 和 $544cm^{-1}$ 处的峰为金属离子和 O—H 键结合的特征峰[143]。但在图中并未发现羰基（C＝O）的伸缩振动特征峰[144]，可能在干燥过程中，因 Ni^{2+} 和 Co^{2+} 与氨基的配位作用使吸收峰发生了红移，加强了位于 $1523 \sim 1591cm^{-1}$ 范围内强而宽的吸收峰，或者 Ni^{2+} 和 Co^{2+} 的催化作用使羰基发生了结构改变。因此，从 FT-IR 谱图可以判断出反应生成的沉淀物应为钴、镍的碱式碳酸盐。

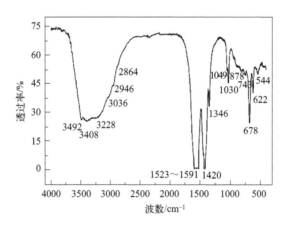

图 2.7　干凝胶的 FT-IR 谱图

2.4.2　干凝胶的热分析

图 2.8 为干凝胶的 TG-DSC 曲线图。由图可知，在 DSC 曲线上有一个较强的吸热峰和两个明显的放热峰，并且在 TG 曲线上伴有显著的失重。在室温 −150℃的温度范围，虽有约 5% 的失重，但并未发现明显的热效应，应该是吸附的自由水的挥发；在 150 ～ 242℃温度范围内吸热峰相对应的 TG 曲线上失重约为 35%，这归因于聚丙烯酰胺聚合物脱氨、部分碱式碳酸钴镍分解；在 242 ～ 300℃对应的放热峰伴有约 17% 的失重，失重和放热峰分别归因于主链裂解、无水碱式碳酸钴镍分解和 NiCo$_2$O$_4$ 的生成；在 375 ～ 430℃范围内的强放热峰伴随着约 26% 的失重，这主要贡献于残碳的氧化，从这个峰也可以看出，并不对称，在大于 450℃时，有个弱而宽的肩峰，应该是由 NiCo$_2$O$_4$ 分解，并释放出氧气引起的；在 300 ～ 375℃之间有一个很弱的放热峰，并伴有很小的失重，约为 3%，可能是由引发剂硫酸盐导致的；当温度大于 500℃时，基本没有失重，总失重为 86%，但从 DSC 曲线上，温度为 650℃左右发现一个很弱的吸热峰，这可能与 NiCo$_2$O$_4$ 在高温下复杂的相转变有关。

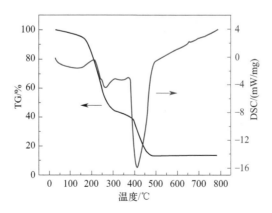

图 2.8　干凝胶的 TG-DSC 分析

2.4.3 XRD 物相分析

图 2.9 为不同煅烧温度下，合成样品的 XRD 谱图。从图中可以看出，干凝胶观察不到任何衍射峰，说明前驱体是无定形的；在 200℃煅烧所得样品的 XRD 谱图中观察到 2θ 在 36.64°、42.54° 和 61.72° 处有三个较弱的衍射峰，与标准卡片比对，这三个衍射峰的 2θ 角介于面心立方结构 CoO（标准卡片 JCPDS No.48-1719）和 NiO（标准卡片 JCPDS No.47-1049）的（111）、（200）和（220）三个晶面特征峰之间，所以可以确定生成的相是具有面心立方结构的（Ni，Co）O 固溶体，表明在这个温度下，前驱体已经分解，但并未形成多晶 NiCo$_2$O$_4$；当温度升到 300℃时，最初观察到的（Ni，Co）O 固溶体三个衍射峰消失，取而代之，2θ 在 18.89°、31.4°、36.75°、44.66°、59.06° 和 65.01° 等处出现衍射峰，分别对应标准卡片 JCPDS No.73-1702 尖晶石型 NiCo$_2$O$_4$ 的（111）、（220）、（311）、（400）、（511）和（440）晶面，表明在 300℃时，尖晶石型 NiCo$_2$O$_4$ 已经合成，但峰宽化效应明显，表明颗粒很细；随着温度的升高，NiCo$_2$O$_4$ 衍射峰的强度增

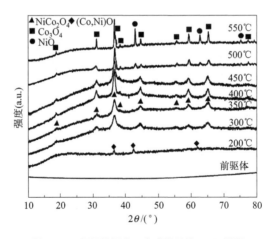

图 2.9 不同煅烧温度下合成样品的 XRD 谱图

大，宽化效应减弱，结晶完整性增加；当温度超过 450℃时，NiCo₂O₄ 分解成 NiO 和尖晶石型 Co₃O₄，但生成立方相 NiO 的衍射峰往大角度偏移，根据布拉格方程 $2d\sin\theta=n\lambda$，表明 NiO 晶格中存在离子半径更小的 Ni^{3+}。XRD 分析表明，制备的 NiCo₂O₄ 在 450℃以下是稳定的，为热力学亚稳相。但从 NiO 的峰强度来看，应该仅有 NiCo₂O₄ 分解。

2.4.4　FT-IR 结构分析

图 2.10 为不同煅烧温度下所得样品的 FT-IR 谱图。由图可以看出，在 300～550℃煅烧，前驱体中所有碱式碳酸盐和聚丙烯酰胺的特征吸收峰全部消失，取而代之，煅烧所得粉体的 M—O 吸收峰都集中在 400～800cm⁻¹ 的波数范围内。为了更直观、清楚地观察与分析 NiCo₂O₄ 随着温度升高而产生的结构变化，将 FT-IR 谱图中 400～800cm⁻¹ 这段波数放大，如图 2.11 所示。对于 300℃和 400℃煅烧的样品，在 400～800cm⁻¹ 指纹区内出现的红外吸收谱图完全一致。根据以前的研究结果[145-147]，不同作者尽管因制备方法不同而使该区间仅有的两个强峰所处的位置略有不同，但结论是一致的，即位于低波数（552～563cm⁻¹）和高波数（645～657cm⁻¹）处的吸收峰分别归因于 Ni—O 键和 Co—O 键的伸缩振动。据此可以判断出，图中位于 564cm⁻¹ 和 660cm⁻¹ 处的两个强吸收峰分别对应于 Ni—O 键和 Co—O 键的伸缩振动。但作者认为在 564cm⁻¹ 处的吸收峰，并不是由单一的 Ni—O 键伸缩振动导致的，而是由八面体间隙内 Ni—O 键和 Co（Ⅲ）—O 键伸缩振动共同作用的结果。原因在于：同为尖晶石结构的 Co₃O₄ 的 FT-IR 谱图中，在 400～800cm⁻¹ 指纹区内相近的位置同样有两个强峰（如 575cm⁻¹ 和 669cm⁻¹[148] 和 563cm⁻¹ 和 661cm⁻¹[149]），分别对应于四面体间隙内 Co（Ⅱ）—O 键和八面体间隙内 Co（Ⅲ）—O 键的伸缩振动。图中位于 621cm⁻¹ 和 749cm⁻¹ 处有两个

弱峰，621cm^{-1} 处的峰可能归因于四面体间隙内 Co（Ⅲ）—O 键的伸缩振动；而 749cm^{-1} 处的峰贡献于四面体间隙内 Ni（Ⅱ）伸缩振动或具有晶格变形的 $NiCo_2O_4$ 纳米晶的晶格振动。虽然普遍认为 $NiCo_2O_4$ 的化学表达式为 $Co_{1-x}^{2+}Co_x^{3+}[Co^{3+}Ni_{1-x}^{2+}Ni_{1-x}^{3+}]O_4$（$0 \leqslant x \leqslant 1$），$Ni^{2+}$ 和 Ni^{3+} 占据尖晶石型 $NiCo_2O_4$ 的八面体位置，Co^{2+} 和 Co^{3+} 占据在四面体和八面体的位置上，但因制备方法的不同，少量 Ni^{2+} 进入四面体间隙是非常有可能的；再者，由于 Ni、Co 离子存在二价和三价的转换，会在 $NiCo_2O_4$ 晶格内产生镍、钴离子空位，使晶格的有序程度变低，导致晶格畸变或分解，所以间接解释了 $NiCo_2O_4$ 为热力学亚稳态，XRD 的结果也证实了这点。与 300℃ 和 400℃ 的相比，在 500℃ 获得的样品的谱图仅在 656cm^{-1} 处出现了一个新的吸收峰，归因于四面体间隙内部分 Co^{2+} 转变为 Co^{3+}，并伴随氧空位产生，导致晶格畸变。550℃ 获得的样品的谱图则与低温样品的谱图存在较明显的区别，位于 621cm^{-1} 和 749cm^{-1} 处的两个弱吸收峰消失，而 564cm^{-1} 处的峰红移至 560cm^{-1} 处。根据 XRD（图2.9）可知，此温度 $NiCo_2O_4$ 已发生分解，生成尖晶石型 Co_3O_4 和面心立方相 NiO；621cm^{-1} 处峰的消失归因于四面体间隙中的 Co^{3+} 完全进入了尖晶石型 Co_3O_4 中八面体间隙中；749cm^{-1} 处吸收带的消失，在于晶格变形的 $NiCo_2O_4$ 已经转变为晶格完整、稳定的 Co_3O_4 和 NiO；位于 564cm^{-1} 处峰的红移，可能是原八面体间隙中的 Ni—O 键被 Co（Ⅲ）—O 键替代了的缘故；尽管 XRD（图2.9）谱图中有 NiO 相的存在，但根据以前的研究结果表明[150-153]，立方相 NiO 的 Ni—O 键伸缩振动吸收峰位于 $450 \sim 510$cm^{-1} 处，而谱图中并未发现面心立方相 NiO 中 Ni—O 键的吸收峰，这可能是因为 NiO 被尖晶石型 Co_3O_4 包覆，干扰了 Ni—O 键的伸缩振动。

结合 XRD 和 FT-IR 分析，在煅烧过程中，密封条件下合成的无定形态的碱式碳酸钴镍在 200℃ 左右生成 $(Ni_xCo_{1-x})O$ 固溶体，继续升高温度到 $300 \sim 400℃$ 合成 $NiCo_2O_4$，当温度超过 450℃，其已经开始分解为 NiO 和 Co_3O_4。

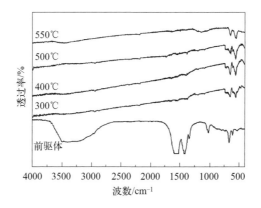

图 2.10 不同煅烧温度下获得的样品的 FT-IR 谱图

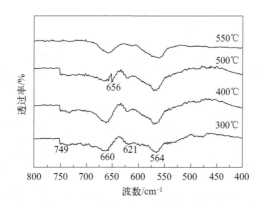

图 2.11 样品在 400 ~ 800cm^{-1} 范围内的 FT-IR 光谱

2.4.5 显微结构分析

图 2.12 是不同煅烧温度下获得样品的 FESEM 照片。由图可以看出，当温度为 300℃时，样品呈多孔结构，绝大分孔径在 200nm 以下，少数孔径达到了 1μm，如图 2.12（a）、（b）所示，大孔的形成与煅烧过程中聚合物燃烧膨胀有关；当温度超过 400℃时，仅有少数孔结构未被破坏，基本呈片状碎裂状态，但可以清晰地看出，片状孔壁是由超细纳米晶粒组装而成。随着温度升高，晶粒长大，孔壁脆性增大，低温煅烧时的多孔

蓬松的粉体发生收缩，内应力增加导致脆性材料碎裂；再有随着温度升高，热力学不稳定的 NiCo₂O₄ 纳米晶由于存在钴、镍离子三价、二价之间的转换，导致晶格体积变化，发生畸变或破坏分解，纳米晶粒间存在更大的界面应力，容易在应力集中处发生断裂，进而破坏孔结构。

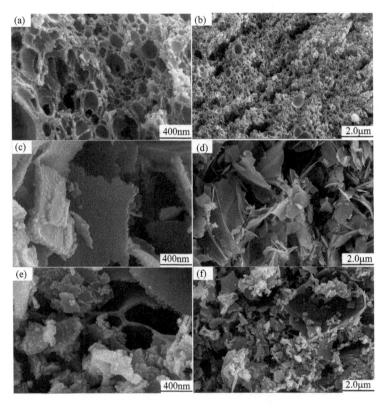

图 2.12　不同煅烧温度下获得样品的 FESEM 照片
（a）和（b）300℃；（c）和（d）400℃；（e）和（f）500℃

为了更好地理解孔壁晶粒尺寸随着煅烧温度的变化，用 TEM 对不同煅烧温度获得样品的孔壁显微结构变化进行了观察，如图 2.13 所示。可以看出孔壁是由纳米晶粒和气孔组成，晶粒基本呈球形，晶粒尺寸比较均匀，气孔纳米级，位于晶界；随着温度升高，晶粒尺寸增大，气孔数量减小，但粒径和孔径变化很小。在 300～500℃范围内，平均晶粒尺寸分别为 8.1nm、8.6nm、10.9nm 和 12.1nm。可见随着温度的升高，并未出现晶粒异常长大，表明聚合网络结构对抑制晶粒异常长大和获得尺寸均匀的晶粒是有利的。

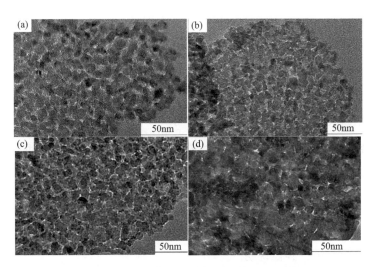

图 2.13　不同煅烧温度下获得样品的 TEM 照片
（a）300℃；（b）350℃；（c）400℃；（d）500℃

　　图 2.14 为 400℃获得样品的 HRTEM 和 SAED 照片。由图 2.14（a）可以看出，用 Digital micrograph 软件给出的晶面和晶面间距与尖晶石型 NiCo₂O₄（标准卡片 JCPDS No.20-0781）相应的数据基本相同；从图 2.14（b）可以看出，选区电子衍射为多晶圆环，用 Digital micrograph 软件测量、标定后，也证实合成的粉体为尖晶石型 NiCo₂O₄。从 HRTEM 中还可以看出，晶格上有很多空位点，根据 Co^{3+} 得到电子变为 Co^{2+}、Ni^{2+} 失去电子变为 Ni^{3+}，根据缺陷方程会有 O 离子空位和 Ni 离子空位，缺陷方程如下：

$$2Ni_{Ni} + O_O \longrightarrow 2Ni^{\cdot}_{Ni} + V''_{Ni} + O_O \qquad (2\text{-}17)$$

$$2Co_{Co} + 3O_O \longrightarrow 2Co'_{CO} + V^{\cdot\cdot}_{O} + 2O_O + \frac{1}{2}O_2 \qquad (2\text{-}18)$$

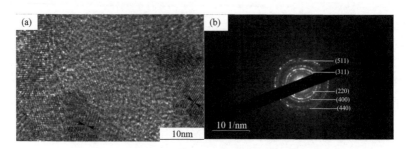

图 2.14　400℃ 获得样品的 HRTEM 和 SAED 照片
（a）HRTEM；（b）SAED

因此，随着温度升高，空位点增多，结构易畸变，高温易分解，进一步佐证了 $NiCo_2O_4$ 结构的热不稳定性。

根据显微结构的观察与分析，多孔 $NiCo_2O_4$ 纳米晶孔结构的形成过程可以用式（2-19）和图 2.15 来阐释。由式（2-19）可以看出，单纯的凝胶体系，丙烯酰胺长链与 N, N- 亚甲基丙烯酰胺交联剂聚合成三维网状凝胶体。对于本书体系，纳米晶孔形成过程可以用式（2-19）中所标记的面，简化成图 2.15 进行具体说明。

$$
(2\text{-}19)
$$

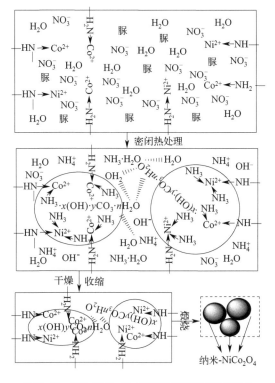

图 2.15　多孔 NiCo₂O₄ 纳米晶孔形成过程示意图

从图 2.15 可以看出，Ni^{2+} 和 Co^{2+} 以配位键的形式束缚在单体与交联剂的氨基上（因为氨基基团存在孤对电子），尿素、NO_3^- 和水分布其中；在密闭热处理（100℃）过程中尿素分解，发生式（2-14）的反应，生成钴镍碱式碳酸盐沉淀，而氨水、NH_4^+、OH^-、NO_3^- 和水分子（这里只是象征性地标出各种基团的数目）分布其中，由于碱式碳酸盐有羟基，所以不同沉淀之间存在氢键，再有，氨气分子可能会与 Ni^{2+}、Co^{2+} 形成一些配位；接下来的干燥过程，伴随着体积收缩，其中水分子、氨气和硝酸铵以气体或分解成气体排出，由于氢键的作用使碱式碳酸盐沉淀物相互靠得更近；最后在煅烧过程中，聚合高分子网络分解，而同一面上的碱式碳酸盐在分解过程中，因氢键和温度的作用，合成的 NiCo₂O₄ 纳米晶相互靠近形成团聚体，得到具有介孔的薄孔壁。以此类推，其他孔壁形成过程也一样，但相对孔壁面的中间区域，交联处和链附近由于不同面的叠加作用而变厚。这从样品的 TEM（图 2.16）可以看出，图中黑色条应该就是长链附近，因为此处厚度大，电子不容易穿透。

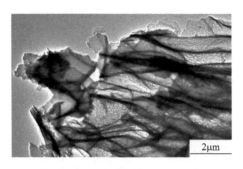

图 2.16　300℃获得样品的 TEM 图

2.4.6　XPS 分析

为进一步表征 NiCo$_2$O$_4$ 的元素组成和氧化状态，对 300℃ 煅烧样品进行了 XPS 测试研究，其谱图如图 2.17 所示。基于参考，测量谱 [图 2.17（a）] 表明样品中含有 Ni、Co、O 和 C，并没有其他杂质。样品的 XPS 核级谱用高斯/洛伦兹方法进行拟合。从 Ni 2p [图 2.17（b）] 发射谱图上观察到一个分裂的 Ni 2p$_{3/2}$ 峰和一个 Ni 2p$_{1/2}$（872.0 eV）峰以及两个振动伴峰（标记为 sat.）。结合能为 853.9 eV 和 871.7 eV 归属于 Ni^{2+}，而结合能为 855.55 eV 和 873.35 eV 的峰则贡献于 Ni^{3+}[154, 155]；Co 2p 发射谱 [图 2.17（c）] 与 Co 2p$_{3/2}$（779.80 eV）和 Co 2p$_{1/2}$（795.05 eV）两个旋转轨道特征峰及两个振动伴峰（标记为 sat.）相吻合，结合能为 781.10 eV 和 796.80 eV 的发射峰来源于 Co^{2+}，结合能为 779.70 eV 和 794.90 eV 的发射峰来自 Co^{3+}[130, 156]；O 1s 发射谱图上存在三个供氧基团 [图 2.17（d）]：O 1（529.55 eV）为典型的金属-氧键，O 2（531.10 eV）归因于材料相关缺陷中的氧配位缺陷，O 3（532.25 eV）与材料颗粒表面的多种物理和化学吸附水有关[157]。这些结果同前人的报道一致，再次确认 NiCo₂O₄ 被成功制备。

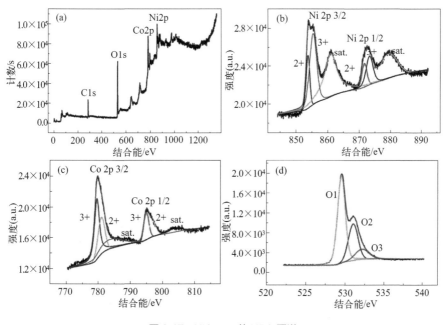

图 2.17　NiCo₂O₄ 的 XPS 图谱

（a）XPS 谱图；（b）Co 2p；（c）Ni 2p；（d）O 1s

2.4.7　孔径与比表面积分析

图 2.18 为不同煅烧温度下获得样品的 N_2 吸附和脱附等温曲线。从图 2.18（a）可以看出，不同煅烧温度获得的样品的吸／脱曲线（BET）都有相似的特征，根据曲线形状判断是典型的Ⅳ型；P/P_0 在 0.4～1.0 的范围内有明显的滞后环，表明材料中存在微孔或介孔；而图 2.18（b）也证实样品中的确存在介孔结构。不同煅烧温度下获得样品的 BET 和中位孔径如表 2.3 所示。由表可知，煅烧温度在 300～400℃的范围内，比表面积（BET）随着温度的增加而减小，而孔径也符合同样的规律，但增加幅度非常小，在误差的范围内可以认为几乎不变；相比于 400℃获得的样品，

500℃样品的 BET 增大，孔径值也增大。BET 增大应该与 NiCo$_2$O$_4$ 纳米晶在这个温度已经大部分分解成 Co$_3$O$_4$ 和 NiO 有关，单相 NiCo$_2$O$_4$ 分解成两相，形成了更多的颗粒表面；而孔径变大则与长大粒径聚合堆积和 NiCo$_2$O$_4$ 分解放出氧气有关。从 BJH［图 2.18（b）］也可以看出，温度低，孔径小，分布窄，且单位体积大，这对于电荷和电解质的转移是有利的。

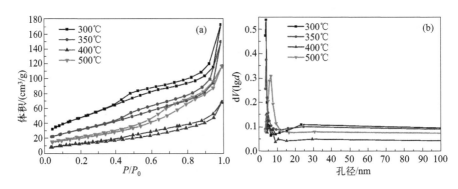

图 2.18　不同煅烧温度下获得样品的 N$_2$ 吸附和脱附等温曲线
（a）比表面积（BET）；（b）孔径分布（BJH）

表 2.3　不同煅烧温度下获得样品的 BET 和 BJH 值

煅烧温度 /℃	300	350	400	500
比表面积 /（m^2/g）	76.84	75.69	60.63	75.76
孔径值 /nm	3.74	3.76	3.78	5.55

2.5　材料的电化学性能分析

2.5.1　不同煅烧温度对循环伏安（CV）的影响

图 2.19 为在 10mV/s 的扫描速率下，不同煅烧温度下获得样品的循

环伏安特征曲线。从图中可以看出，不同煅烧温度下，每条循环伏安曲线至少有一对明显的、近似对称的氧化还原峰，表明样品中存在 Co、Ni 离子的法拉第氧化还原反应。300℃和 350℃获得材料的伏安曲线峰电流接近，闭合曲线面积接近，相对闭合面积较大，表明在此煅烧温度下获得的材料有较高的比电容；随着煅烧温度升高到 400℃，曲线闭合面积明显减小，比电容下降；当煅烧温度达到 500℃时，闭合面积最小，表明材料的比电容最差，这与 NiCo₂O₄ 晶粒长大和分解有关。

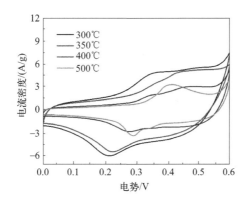

图 2.19　扫描速率为 10mV/s 时，不同煅烧温度下获得样品的循环伏安特性曲线

2.5.2　不同煅烧温度对交流阻抗（EIS）的影响

图 2.20 为不同煅烧温度下获得材料的交流阻抗（EIS）曲线，图中嵌入中频区放大部分。在中频区域中，实线与曲线的交点表示电化学系统的电阻（R_s），包括电解质的离子电阻、电极活性材料的固有电阻以及活性材料之间的接触电阻，中 - 低频区半圆的直径对应于电极和电解质界面的电荷转移电阻（R_{ct}），低频区在低频范围内的 Warburg（Z_w）电阻代表电解质中的 OH⁻ 扩散和电极表面的快速吸附。从图中可以看出，煅烧温度为 300℃时，样品在高频区的半圆直径最小，表明法拉第氧化还原反应

电荷转移阻力最小；在低频区，相比较而言，300℃的材料斜率最大，表明 OH⁻ 在活性物质中的扩散系数最大，阻力最小，扩散更容易，电化学可逆性更好。这与材料具有丰富的孔道结构有关。

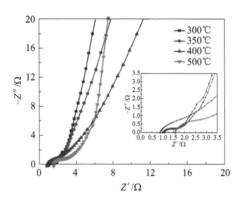

图 2.20　不同煅烧温度下获得样品的交流阻抗及嵌入的高频部分

2.5.3　不同煅烧温度对恒流充放电的影响

图 2.21 为在电流密度为 1 A/g 时，不同煅烧温度下获得材料的恒流充放电曲线。可以看出，各个煅烧温度下获得材料的充放电曲线形状相似，基本呈对称斗笠状，同传统双电层电容器的近似三角形曲线相比，属于赝电容行为。但随着煅烧温度的升高，材料的充放电时间明显变短，比电容减小。比电容可以用式（2-20）来计算，不同温度下的比电容计算结果如图 2.22 所示。

$$C_s = \frac{I \Delta t}{m \Delta V} \tag{2-20}$$

在这里，C_s、I、m、Δt 和 ΔV 分别为比电容（单位为 F/g）、放电电流（单位为 A）、活性物质质量（单位为 g）、放电时间（单位为 s）和电压（单位为 V）。煅烧温度为 300℃、350℃、400℃和 500℃时，比电容分别为 371.2F/g、330.8F/g、241.6F/g 和 158.2 F/g，其中，300℃样品的比电容最大，充放电效率为 99%，电池能量转化效率高，自身损耗小，充放电性能最好。这与循环伏安的结果也是一致的。

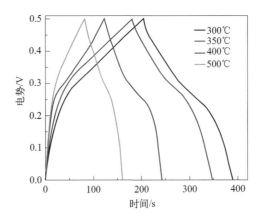

图 2.21　在电流密度为 1 A/g 时，不同煅烧温度下获得样品的恒流充放电曲线

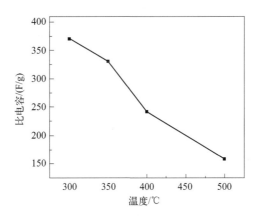

图 2.22　在电流密度为 1 A/g 时，不同煅烧温度下获得样品的比电容

综上所述，在本实验条件下，煅烧温度为 300℃获得的样品，其电化学性能最好。接下来，以该温度下获得的样品进行其他电化学性能测试。

2.5.4 不同扫描速率对循环伏安的影响

图 2.23 为不同扫描速率下，$NiCo_2O_4$ 样品（300℃）的循环伏安特性曲线。与双电层电容接近矩形的循环伏安特性曲线相比[130]，多孔 $NiCo_2O_4$ 纳米电极材料的循环伏安曲线是一种典型的赝电容行为。在 0～0.6V（vs.HgO/Hg）电压范围内，每条曲线上均存在一对对称的氧化还原峰，表明电荷存储是通过 Co^{2+}/Co^{3+} 和 Ni^{2+}/Ni^{3+} 的法拉第氧化还原反应实现的，且反应可逆性好。氧化还原反应可以用式（2-21）和式（2-22）表示[158, 159]：

$$NiCo_2O_4+OH^-+H_2O \Longleftrightarrow NiOOH+2CoOOH+2e^- \qquad (2\text{-}21)$$

$$CoOOH+OH^- \Longleftrightarrow CoO_2+H_2O+e^- \qquad (2\text{-}22)$$

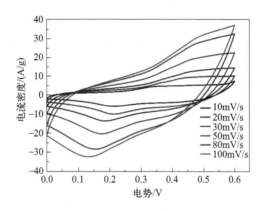

图 2.23　不同扫描速率下，多孔 $NiCo_2O_4$ 纳米电极材料的循环伏安特性曲线

随着扫描速率的增加，循环伏安曲线面积增大，氧化峰和还原峰的位置分别向右和向左移动，氧化峰从约 0.35V 增加到约 0.5V，还原峰从约 0.18V 降到 0.13V。扫描速率快时，峰位压差加大，表明电极内存在极化，但曲线的大致形状相对保持较好，表明电极材料稳定性较好，具有良好的循环稳定性。从图中也可以看出，随着扫描速率增大，电压正向和反向时的电流响应都较为迅速，说明该材料在电化学极化增大时仍然

能够保持较高的、稳定的活性物质利用率，有着良好的电容特性。

2.5.5　不同电流密度对恒流充放电的影响

图 2.24 为电压在 0 ~ 0.5V，不同电流密度下，多孔 NiCo$_2$O$_4$ 纳米电极材料的恒流充放电曲线。很明显，不同电流密度下恒流充放电曲线是明显的赝电容行为，并且曲线对称性较好，说明不同电流密度下电极材料的充放电过程稳定。随着电流密度的增大，放电时间相应变短，根据式（2-20）可知，比电容减小，这是由于当电流密度增大时，要求单位时间内迁移的电荷数增多，而当电极中的离子扩散速度达不到电子的转移速度时，电极将产生极化；电流密度为 1A/g 时，比电容为 371.2F/g，当电流密度增加至 10A/g 时比电容为 330F/g，与 1A/g 相比，容量保持率为 88.9%，这表明材料在大的电流密度下仍有相对较高的比电容，有良好的倍率特性。不同电流密度下，比电容和容量保持率的计算结果如图 2.25 所示。不同电流密度下，充放电效率基本都达到 99% 以上，表明了材料在充放电过程中具有良好的可逆性。材料良好的倍率性能和充放电效率归因于材料具有良好反应活性的超微晶粒和有利于与电解液充分接触、避免死结构的丰富孔道。

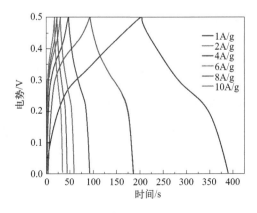

图 2.24　不同电流密度下，多孔 NiCo$_2$O$_4$ 纳米电极材料的恒流充放电曲线

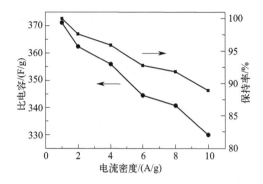

图 2.25　不同电流密度下，多孔 NiCo₂O₄ 纳米电极材料的比电容和容量保持率曲线

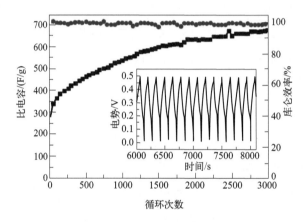

图 2.26　电流密度为 10A/g 时，多孔 NiCo₂O₄ 纳米电极材料的循环寿命和库仑效率

2.5.6　循环寿命分析

对超级电容器而言，在较大电流密度下，长时间工作时的电容量的变化情况是其实际应用时的重要的电化学性能参数。图 2.26 为多孔 NiCo₂O₄ 纳米电极材料在电流密度为 10A/g 时的循环寿命和库仑效率曲线。在 10A/g 的电流密度下，比电容随着循环次数的增加而增加，经过 3000 次循环，比电容由 275.2F/g 逐渐增长至 678.4F/g，容量保持率优异，达 246.5%。在前 1000 次循环比电容增长迅速，通常认为这与电极材料的活

化有关，因为连续不断的充放电过程，激活了更多的接触位点，使比电容有明显的增加；从 1500 次循环后，比电容增长幅度趋缓并逐渐变得稳定。从嵌入图中的部分充放电和库仑效率曲线可以看出，充放电曲线具有较好的对称性和稳定性，库仑效率达 99% 以上，整个过程比电容虽略微有波动，但并未发现容量有衰减的趋势，这表明测试过程材料结构比较稳定，具有良好的电化学可逆性，长的、稳定的循环寿命。高电流密度下，良好的循环寿命和容量保持率归因于大的比表面积增加了活性物质反应点、丰富的孔道结构有利于减小电荷传输阻力，同时也缓冲了充放电过程中晶格因体积变化而产生的应力，减轻了晶格畸变的程度，进而保持了晶体结构的稳定性。

上述结果表明，用原位聚合物模板法制备的多孔（包括介孔和微米孔）NiCo₂O₄ 纳米电极材料具有良好的倍率特性，高电流密度下具有优异的循环稳定性和容量保持率。这些性能的提高源于 NiCo₂O₄ 特殊的多孔纳米结构。

本章小结

① 说明了具有网络结构的原位聚合物模板法制备多孔 NiCo₂O₄ 纳米材料的工艺原理，并研究了影响原位聚合凝胶的关键因素。通过三种凝胶方式的对比与分析，氧化还原方式的过硫酸铵和亚硫酸钠引发体系对本材料体系而言，可在室温下较快凝胶，并可避免凝胶前不利反应的发生；原料浓度增大，延长了凝胶时间，并使晶粒尺寸增大。

② FT-IR 和 XRD 分析表明，聚合凝胶体在封闭热处理过程中反应生成无定形碱式碳酸钴镍，并对反应过程进行了合理、必要的分析；热分析、XRD 和显微结构结果表明，无定形前驱体在 200℃ 开始分解，并于 300℃ 合成多孔 NiCo₂O₄ 纳米材料，超过 500℃ 开始分解成 Co₃O₄ 和 NiO；多孔结构随着温度升高，孔结构被破坏，低温煅烧所得样品的孔壁是由

纳米晶和介孔组成的，并对超薄孔壁的形成进行了探讨，指出聚合物氨基基团对于片状孔壁的形成应该起关键作用。

③ 300℃煅烧所得材料的电化学性能测试表明，多孔 $NiCo_2O_4$ 纳米电极材料具有良好的倍率性能（在 10A/g 下的比电容相当于 1A/g 的 88.9%）、优异的循环稳定性和高电流密度下长循环周期的高容量保持率（3000 次循环后，相当于初始容量的 246.5%）。材料良好的倍率性能、充放电效率、长的循环寿命和容量保持率归因于大的比表面积增加了活性物质反应点、丰富的孔道结构有利于减小电荷传输阻力和孔道缓冲了充放电过程中晶格因体积变化而产生的应力。

第三章

多孔 NiCo$_2$O$_4$/GO 纳米复合
电极材料的制备与性能研究

▲ ▲ ▲ ▲ ▲

3.1　引言

NiCo$_2$O$_4$ 赝电容型超级电容器电极材料引入第二相发挥彼此的协同作用可明显提高其电化学性能[60-100]。氧化石墨烯（GO）作为新兴材料，以其优异的电学、光学和力学性能已在材料、计算机、化工和储能领域得到广泛的研究和应用。本书在第二章的工艺原理基础上，引入 GO，合成出多孔 NiCo$_2$O$_4$/GO 纳米复合电极材料，通过对 GO 含量对材料显微结构和电化学性能的影响的研究来分析和探讨 GO 的作用与机制。

3.2　NiCo$_2$O$_4$/GO 纳米复合电极材料的表征与分析

3.2.1　NiCo$_2$O$_4$/GO 的前驱体凝胶体对比

图 3.1 为密闭热处理后，NiCo$_2$O$_4$ 和 NiCo$_2$O$_4$/GO 湿凝胶前驱体的对

比照片。与 NiCo₂O₄［图 3.1（a）］相比，引入 GO 的凝胶体通体呈黑色，颜色分布均匀，说明氧化石墨烯分散较好。

图 3.1　密闭热处理后，NiCo₂O₄（a）和 NiCo₂O₄/GO（b）
湿凝胶前驱体的对比照片

3.2.2　差热－热重分析

图 3.2 为 NiCo₂O₄/GO 前驱体的 TG-DSC 曲线图。从图中可以看出，在 DSC 曲线上，50 ～ 120℃温度区间内发生水分的排除，对应的 TG 曲线损失为 5% 左右，因其质量损失较小，所以这段在煅烧时升温速率可以较快；在 150 ～ 200℃的 DSC 曲线有较弱的吸热峰，为前驱体中结合水的去除，而在 200 ～ 260℃区间存在第一个放热峰，主要是由有机物的燃烧所致；对应 150 ～ 260℃的 TG 曲线上，失重很大，约 45%，为防止孔结构被破坏，在煅烧时的升温要缓慢，保证水分、有机物的有效排除；在 DSC 曲线上，280 ～ 340℃为较平滑的吸收峰，对应的 TG 曲线损失很小，约为 3%；在 DSC 曲线上，340 ～ 450℃的为明显的放热峰，是残碳氧化燃烧过程，而相应的 TG 曲线上质量损失明显，约为 20%，此后温度增加质量不再损失，损失量恒定在 80% 左右。

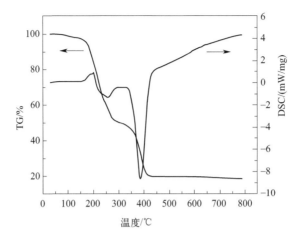

图 3.2　干凝胶前驱体差热－热重分析曲线

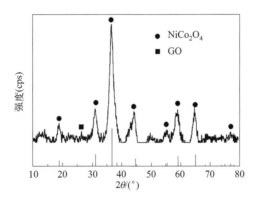

图 3.3　在 300℃煅烧获得复合材料的 XRD 图

3.2.3　XRD 分析

图 3.3 是 GO 为 10% 时，在 300 ℃ 煅烧获得的 NiCo₂O₄/GO 复合材料的 XRD 图。从图中可以看出，2θ 角在 18.92°、31.1°、36.7°、44.63°、59.1° 和 64.9° 有明显的衍射峰，分别对应（111）、（220）、（311）、（400）、（511）和（440）晶面，经过与标准卡片 JCPDS No.73-1702 比对，与 NiCo₂O₄ 的特征衍射峰完全一致。在 $2\theta=27$° 处出现一个

较弱的衍射峰，这与 GO 标准卡片 JCPDS No.75-1621 中的最强峰所对应的（002）晶面一致。但由于 GO 的量较少，所以特征峰的强度相对较弱。

3.2.4 FESEM 显微结构观察与分析

图 3.4 为不同 GO 含量的 $NiCo_2O_4$/GO 复合材料的 FESEM 照片。从图中可以看出，在 GO 含量小于 10% 时，泡沫状三维（3D）多孔网络中孔的形状看不出明显的区别，均保持较好的网络结构，孔径范围为 50～300nm，孔壁均由纳米颗粒聚合堆积而成；当 GO 含量增加到 15% 时，泡沫状网络结构消失，颗粒由大量纳米晶聚合长大到 100nm 左右，且颗粒形状不规则，仅观察到少量由纳米晶堆积而成的，尺寸约为 50nm 的气孔。由于所用的 GO 为片状（1～3 层），且径厚比大（D_{50} 为 7～12μm），在高倍照片中很难观察到，只有在低倍下才能发现少量 GO 的分布。3D 泡沫多孔网络结构的形成可以用第二章的网络聚合物孔形成机制进行解释，但随着 GO 含量的增加，低倍显微结构发现网络结构更易被破裂，直至 GO 含量增加到 15% 时，泡沫状网络结构消失。作者认为，当大直径 GO 加入溶液中后，在相同单体浓度下，由于 GO 的阻碍作用，使凝胶孔径增大，其断点较多，使凝胶网络的完整性变差；再有，溶液中加入 GO 后，凝胶在密闭热处理过程中，GO 表面为均相成核、生长提供了更多的场所，干凝胶在煅烧过程中，含有更多 GO 的样品，三维网络更容易碎裂，形成以 GO 为单元的片状颗粒堆积。孔结构的减少明显不利于电荷和电解液的传输，材料的电化学性能变差。

图 3.5 和图 3.6 分别是 GO 含量为 5% 时，$NiCo_2O_4$/GO 样品的 EDS 谱图和元素分布图。从 EDS 图（图 3.5）中可以看出，样品中除了有 Co、Ni、O 的能谱峰，还有 C 峰；Co 和 Ni 的原子物质的量比约为 2.05∶1，基本与 $NiCo_2O_4$ 化学式中镍和钴的比例相符。从元素分布图（图 3.6）来

看，Co、Ni 和氧分布均匀，且明显呈孔结构分布，而 C 分布相对不均，在 GO 周围相对密度更大，这与残碳和吸附的 CO_2 有关。

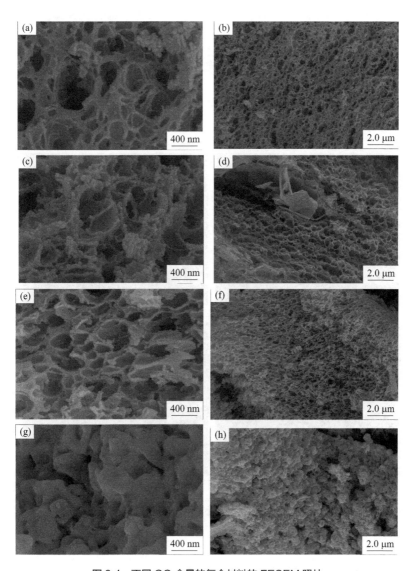

图 3.4　不同 GO 含量的复合材料的 FESEM 照片

（a）和（b）2%；（c）和（d）5%；（e）和（f）10%；（g）和（h）15%

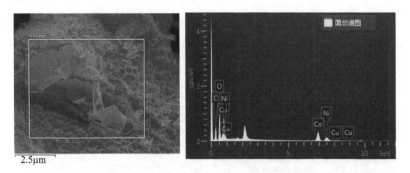

图 3.5 GO 含量为 5% 时，NiCo$_2$O$_4$/GO 复合材料的 EDS 谱图

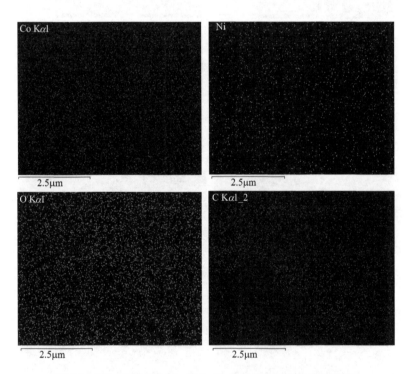

图 3.6 GO 含量为 5% 时，NiCo$_2$O$_4$/GO 复合材料的元素分布图

3.2.5 透射电镜显微结构观察与分析

图 3.7 和图 3.8 分别为 GO 含量为 5% 和 15% 时，NiCo$_2$O$_4$/GO 材料的

TEM［（a）、（b）］、HRTEM（c）照片和 SAED 衍射花样（d）。从图 3.7（a）、（b）可以看出，孔壁很薄，为单晶粒尺寸厚度，明显能看见聚合物网络痕迹（黑线），晶粒基本呈球形，大小在 7～10nm 之间，晶界上存在大量的纳米孔隙；用 Digital micrograph 对 HRTEM［图 3.7（c）］和 SAED［图 3.7（d）］进行分析和标定，表明样品的晶面与晶面间距和标准卡片（JCPDS No.73-1702）基本一致，合成的 NiCo₂O₄ 是多晶的。从图 3.8（a）、（b）可以看出，由 7～15nm 晶粒聚合的 NiCo₂O₄ 一簇簇地分布在氧化石墨烯的表面上，没有看到聚合物网络线（黑线），片层较厚（黑色部分），这样会减少晶界气孔数量，增大电荷和电解质传输速率和阻力，不利于电化学性能的提高，尤其倍率性能和循环稳定性；用 Digital micrograph 对 HRTEM［图 3.8（c）］和 SAED［图 3.8（d）］进行分析和标定，确认细小的纳米晶为 NiCo₂O₄，但与 GO 标准卡片（JCPDS No.75-1621）比对后，在 SAED 照片中发现了单晶氧化石墨烯的（002）、（101）和（110）晶面的衍射花样（白色标记）。两种不同 NiCo₂O₄/GO 的对比结果与图 3.4 的结果是一致的。

图 3.7　GO 含量为 5% 时，NiCo₂O₄/GO 复合材料的
TEM［（a）、（b）］、HRTEM（c）和 SAED（d）照片

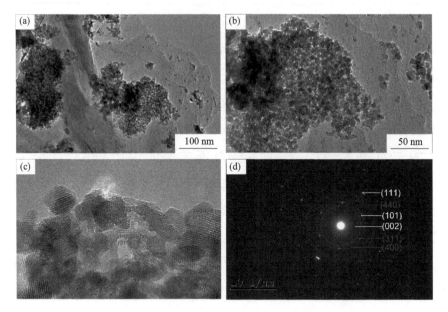

图 3.8　GO 含量为 15% 时，NiCo$_2$O$_4$/GO 复合材料的
TEM [（a）、（b）]、HRTEM（c）和 SAED（d）照片

3.2.6　XPS 分析

为了进一步确定化学组成，对 GO 含量为 5% 的 NiCo$_2$O$_4$/GO 复合材料进行了 XPS 表征。图 3.9（a）中的测量全谱表明 NiCo$_2$O$_4$/GO 样品中的主要成分为钴、镍、氧和碳。在 Ni 的发射谱 [图 3.9（b）] 中，Ni 2p$_{3/2}$ 和 Ni 2p$_{1/2}$ 的两个峰均发生了劈裂，两个伴峰位于 861.54eV 和 879.87eV 处。Ni 2p$_{3/2}$ 分裂的两个峰分别对应 854.32eV 和 855.82eV；而 Ni 2p$_{1/2}$ 的分别对应 871.92eV 和 873.72eV。结合能为 854.32eV 和 871.92eV 贡献于 Ni^{2+}，而结合能为 855.82eV 和 873.72eV 则归因于 Ni^{3+}。这与分峰拟合的结果基本吻合（Ni^{2+} 的结合能为 854.27eV 和 871.92eV，Ni^{3+} 为 855.87eV 和 873.72eV）。从 Co 2p 发射谱 [图 3.9（c）] 可以观察到，符合双自旋轨道 Co 2p$_{3/2}$ 和 Co 2p$_{1/2}$ 的两个特征峰（拟合峰的 FWHM 值）分别对应于 780.07eV 和 795.27eV，而两个伴峰位于 861.57eV 和 879.87eV 处，自旋

分离能为 15.20eV，与相关的文献报道[155]基本吻合。结合能为 779.92eV

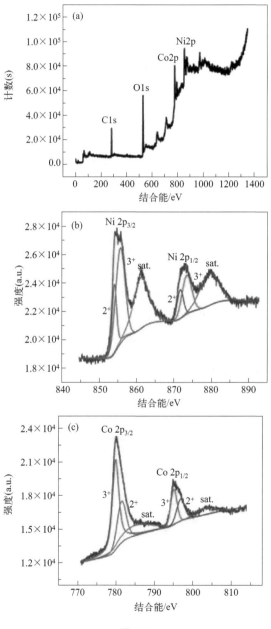

图 3.9

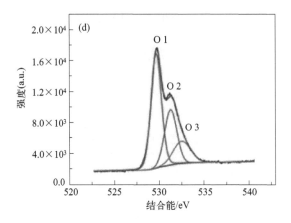

图 3.9　GO 含量为 5% 时，NiCo$_2$O$_4$/GO 复合材料的 XPS 谱图

（a）XPS 全谱；（b）Co 2p；（c）Ni 2p；（d）O 1s

和 795.07eV 归属于 Co^{3+}，而结合能为 781.57eV 和 796.87eV 则归属于 Co^{2+}。在 O 1s 谱图［图 3.9（c）］中发现的三个供氧基团，O 1（529.82eV）、O 2（531.42eV）和 O 3（532.67eV）分别对应于典型的金属 - 氧键、低氧配位的缺陷位点和可能的多种物理和化学吸附水[157]。

3.2.7　孔径与比表面积分析

图 3.10 为不同 GO 含量的 NiCo$_2$O$_4$/GO 复合材料的 N$_2$ 吸附和脱附等温曲线［比表面积（BET）和孔径分析（BJH）曲线］。BET 和 BJH 值列于表 3.1。由 BET 曲线可知，N$_2$ 吸、脱附等温曲线是典型的 Ⅳ 型；P/P_0 在 0.4 ～ 1.0 的范围内有明显的滞后环，表明材料中存在微孔或介孔；而图 3.10（b）也证实材料中的确存在介孔结构，孔径范围在 3 ～ 30nm 之间。由表 3.1 可以直观地看出，随着 GO 引入量的增加，比表面积先增加后减小，当 GO 含量为 5% 时，材料具有最大的比表面积，即 96.99m^2/g。当 GO 引入量较少时，由于 GO 的比表面积很大（约 150m^2/g），并均匀分散在材料中，复合材料的比表面积增大；而后随 GO 量继续增加，一

部分纳米晶粒会在 GO 表面成核、生长，出现纳米晶粒聚合、团聚使 GO 的表面积减小；另外，3D 网状结构被破坏、消失，片状颗粒聚集体的无序相互堆积也会减少，使比表面积减小，这与扫描和透射电镜的分析是一致的。虽然从 BET 值上来看，除了 GO 为 5% 时的略大外，具有不同 GO 含量复合材料的平均孔径差别并不明显。但从孔径分布（BJH）来看，GO 含量为 15%，即 GO 量最多的样品，呈双峰分布，说明材料中孔径分布很不均匀；而其余样品孔径分布很窄，且 GO 含量为 5% 的样品介孔相对最多。因此，GO 含量为 5% 的材料具有最大的比表面积和最多的介孔，结果是材料具有较多的活性反应点，更多的电解质和电荷传输孔道，在理论上应具有相对更好的电化学性能。

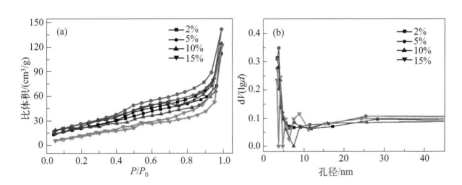

图 3.10　不同 GO 含量的 NiCo₂O₄/GO 复合材料的 N₂ 吸附和脱附等温曲线
（a）比表面积（BET）；（b）孔径分布（BJH）

表 3.1　不同 GO 含量的复合材料的 BET 和 BJH 值

GO/%	2	5	10	15
BET/（m²/g）	78.69	96.99	72.25	52.80
孔径值（BJH）/nm	3.41	3.80	3.35	3.32

3.3　NiCo₂O₄/GO 复合电极材料的电化学性能

电极材料（包括组装 ASC 装置）的电化学性能测试，除了循环稳定性（也称循环寿命）测试外，其余的电化学性能都是在事先经充放电 50 次活化后测得的。

3.3.1 不同 GO 含量对电化学性能的影响

图 3.11（a）为在扫描速率为 10mV/s 下，不同 GO 含量的 NiCo₂O₄/GO 复合材料的循环伏安（CV）曲线。从图可以看出，四个比例样品的 CV 曲线均有明显的氧化还原峰，主要靠赝电容储能机理来进行电荷的存储，曲线形状表现出典型的赝电容特性；随着 GO 引入量的增加，峰值的电流密度呈现先增大后减小的趋势，曲线闭合面积也符合这一规律，其中 GO 含量为 5% 的样品响应电流最大，闭合曲线所围成的面积最大，材料应具有较好的电化学反应活性。

图 3.11（b）为不同 GO 含量的 NiCo₂O₄/GO 复合材料的交流阻抗谱图（EIS）。从图可以看出，GO 含量为 5% 的 NiCo₂O₄/GO 样品在中频区实线与曲线的交点和在中 - 低频区半圆的直径最小，表明电化学测试系统电阻 R_s 和电荷转移电阻 R_{ct} 最小，表明电荷转移更容易。但在低频区，当 GO 含量为 15% 时，即 GO 引入量最多的体系，复合材料斜率最大，Warburg 阻抗最小，OH⁻ 扩散最快，但根据 CV 的分析结果表明 Warburg 阻抗并不是电极理想电容性能的决定因素。

图 3.11（c）和（d）为在电流密度为 1A/g 时的不同 GO 含量的复合材料的充放电曲线（GCD）和比电容。由图可知，随着 GO 含量的增加，GO 含量为 5% 样品的 GCD 放电时间最长，表明比电容最大；具有更好的曲线对称性以及在 0.25V 附近有更稳定的充放电电压平台，表明材料有更好的稳定性和更高的充放电效率；而其他 GO 含量材料的充放电平台都在 0.25V 以上，当 GO 含量达到 15% 时，曲线对称性最差，充放电平台达到约 0.3V，充放电时间更短，表现出更多 GO 的双电层电容快充快放

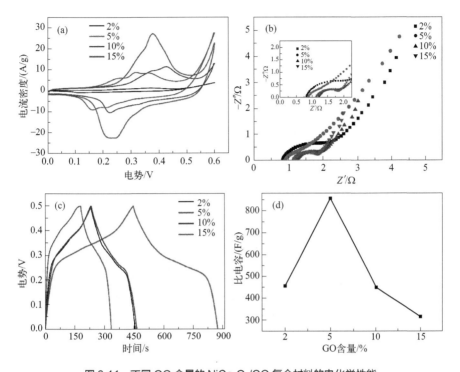

图 3.11 不同 GO 含量的 NiCo$_2$O$_4$/GO 复合材料的电化学性能
（a）扫描速率为 10mV/s 时的循环伏安曲线；（b）交流阻抗谱图；（c）电流密度
为 1A/g 时的充放电曲线；（d）电流密度为 1A/g 时计算的比电容

的特征。用式（2-20）计算不同 GO 含量时材料的比电容（C_s），结果如图 3-11（d）所示，不同含量材料的比电容分别为 456F/g、856F/g、416F/g 和 316F/g。对比发现，随着 GO 含量的提高，比电容先增加后减少，GO 含量为 5% 时样品的比电容最大，GO 含量为 15% 时的比电容甚至比单相材料的比电容（371.2F/g）还低。原因有三：① GO 本身的比电容较低（约为 100F/g），NiCo$_2$O$_4$/GO 复合电极材料的比电容主要还是由 NiCo$_2$O$_4$ 材料提供；GO 含量在 5% 以下时，不仅 3D 多孔结构相对完整，而且更能发挥 GO 的导电性和其双电容特性；②当 GO 含量继续增加，3D 多孔结构变差，在相同质量下，GO 在复合材料中的比例越大，相对比电容就越小；③随着 GO 含量的增大，复合在孔壁上的 GO 越多，孔减少越多，虽然 GO 有利于电子的传输，但却阻碍和延长了 OH⁻ 的扩散与传输路径，减少了 OH⁻ 与 NiCo$_2$O$_4$ 的接触面积，进而不利于法拉第反应［式（2-21）和式（2-22）］发生，比电容也会减小，其过程示意图如图 3.12 所示。因此，只有 GO 含量适当才能充分发挥其导电性，显微结构调节性，更好地发挥 NiCo$_2$O$_4$ 和 GO 复合后的协同作用。GO 含量为 5% 的 NiCo$_2$O$_4$/GO 电极材料拥有最大的比电容（856F/g），充放电效率为 96.05%，电池能量转化效率高，自身损耗小，充放电性能最好。

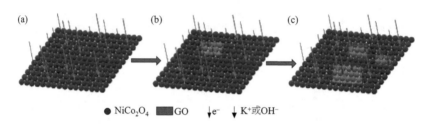

图 3.12　不同 GO 含量多孔材料中电子与电解质离子在多孔壁的传输示意图（以单个孔壁为例）

3.3.2　最佳样品与 NiCo$_2$O$_4$ 电化学性能的对比分析

根据上述研究，当 GO 含量为 5% 时，300℃煅烧合成的 NiCo$_2$O$_4$/GO 复合电极材料具有较好的电化学性能。为了便于最佳样品的电化学研究与分析，同样制备条件下获得的单相 NiCo$_2$O$_4$ 材料将作为对比样。

图 3.13 为 NiCo$_2$O$_4$ 与 NiCo$_2$O$_4$/GO 材料的电化学性能对比。从扫描速率为 10mV/s 时的 CV 曲线［图 3.13（a）］对比来看，NiCo$_2$O$_4$/GO 样品的闭合面积、响应电流明显高于单相 NiCo$_2$O$_4$ 的，表明引入 GO 后复合材料的比电容更大。交流阻抗谱对比图如图 3.13（b）所示，用 ZSimDemo 拟合的等效电路嵌入其中，相应元件参数值列于表 3.2。结合图 3.13（b）和表 3.2 的结果，NiCo$_2$O$_4$/GO 复合电极材料的电化学测试系统电阻 R_s 和电荷转移电阻 R_{ct} 都比单相 NiCo$_2$O$_4$ 的小，表明 GO 的适量引入，对增加

导电性，降低体系电阻和电荷转移阻力是有益的；虽然 NiCo₂O₄/GO 复合电极材料与 OH⁻ 扩散有关的 Warburg 阻抗 $Z_w[Z_w=1/Y_0(j\omega)^{-1/2}]$ 较单相 NiCo₂O₄ 的大，但 Z_w 并不是影响电化学性能的决定因素。从电流密度为 1A/g 时的 GCD 曲线 [图 3.13（c）] 对比来看，NiCo₂O₄/GO 复合电极材料的放电时间显著大于 NiCo₂O₄，主要归因于 NiCo₂O₄/GO 材料的电导率增加，有效活性位点增多，储存电荷的能力增强。

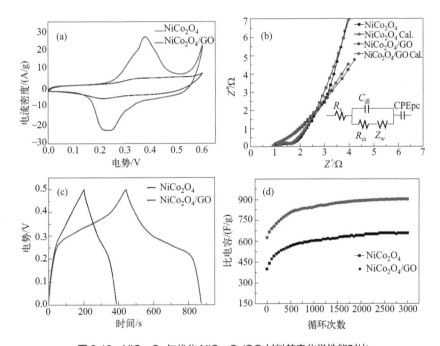

图 3.13　NiCo₂O₄ 与优化 NiCo₂O₄/GO 材料的电化学性能对比

（a）扫描速率为 10mV/s 时的循环伏安对比；（b）交流阻抗对比；（c）电流密度为 1A/g 时的恒流充放电对比；（d）电流密度为 10A/g 时的循环寿命对比

表 3.2　NiCo₂O₄ 和 NiCo₂O₄/GO 材料的数值拟合等效电路参数

材料	R_s/Ω	R_{ct}/Ω	$Y_0/s^{1/2}$	$C_{dl}/10^4$F	CPEpc/F
NiCo₂O₄	1.12	0.443	0.190	3.24	0.0939
NiCo₂O₄/GO	0.904	0.331	0.092	7.98	0.0823

图 3.13（d）为在电流密度为 10A/g 时，NiCo$_2$O$_4$ 和 NiCo$_2$O$_4$/GO 材料的循环寿命曲线。由图可知，两者曲线形状相似，规律一样，随着循环次数的增加，比电容增大；最初的 500 次充放电循环，比电容增长幅度较大，这与电极的活化过程有关，循环 1500 次后比电容基本稳定。与 NiCo$_2$O$_4$ 相比，NiCo$_2$O$_4$/GO 样品的比电容明显大得多，经 3000 次循环后，NiCo$_2$O$_4$/GO 的比电容从初始的 624F/g 增加到 916F/g，容量保持率为 146.8%，具有非常优异的循环稳定性。对比结果充分证明，在同样制备条件下，GO 的适量引入能够明显提高材料的电化学性能，这得益于 GO 的协同作用和特定的微观结构。

3.3.3　不同扫描速率对循环伏安的影响

图 3.14 为在不同扫描速率下，优化的 NiCo$_2$O$_4$/GO 复合材料循环伏安曲线。由图可知，在 0 ~ 0.6V 范围内，不同扫描速率下的 CV 曲线上都有一对非常明显的氧化还原峰，归因于 Co^{2+}/Co^{3+} 和 Ni^{2+}/Ni^{3+} 的法拉第氧化还原反应，反应如式（2-21）和式（2-22）所示。随着扫描速率的增加，曲线的氧化还原峰均向两侧移动，主要由反应滞后和极化所致；同一电势对应的电流增大，表明电极具有较好的电容特性和功率特性。

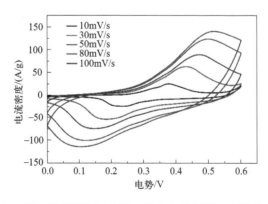

图 3.14　在不同扫描速率下，NiCo$_2$O$_4$/GO 复合材料的循环伏安曲线

相比于单相 NiCo$_2$O$_4$，除了具有良好的倍率性能和优异的循环稳定性和高电流密度下的容量保持率外，优化的 NiCo$_2$O$_4$/GO（GO 含量为 5%）具有更高的比电容。这是因为优化的 NiCo$_2$O$_4$/GO 具有较大的比表面积，更小电荷转移电阻，GO 的优异力学支撑和双电层电容器的协同作用。因此，GO 的引入使材料的电化学性能提高。

3.3.4　不同电流密度对恒流充放电的影响

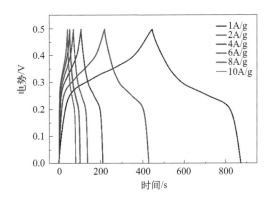

图 3.15　在不同电流密度下，NiCo$_2$O$_4$/GO 复合材料的恒流充放电曲线

图 3.15 为不同电流密度下，优化的复合电极材料的恒流充放电曲线。在 0 ~ 0.5V 电压范围内，GCD 曲线呈现较好的对称性，表明具有较高的库仑效率；随着电流密度的增加，电极材料的充电平台电压逐渐增大，从 0.25V 增大到 0.3V，这是材料存在一定程度的极化所致，而放电电压平台平稳，基本位于 0.3 ~ 0.25V，充放电平台电压降较小，表明该电极的内阻较小，离子及电子的转移速率快，导电能力好。图 3.16 和图 3.17 分别为不同电流密度下的比电容［根据式（2-20）计算所得］和容量保持率。在电流密度为 1A/g、2A/g、4A/g、6A/g、8A/g 和 10A/g 下，比电容分别为 856F/g、843.6F/g、828F/g、820.8F/g、806.4F/g 和 796F/g。随着电流密度的增加，比电容逐渐减小，但在 10A/g 时的比电容仍然保持

初始值的 93.0%，表明优化的 NiCo$_2$O$_4$/GO 电极具有较高的比电容和优异的倍率特性。与以前文献报道的 NiCo$_2$O$_4$ 基电极材料相比，包括多孔分层 NiCo$_2$O$_4$ 纳米板、镍 - 钴纳米片、中空 NiCo$_2$O$_4$ 亚微米球、纳米结构 NiCo$_2$O$_4$ 薄膜电极、NiCo$_2$O$_4$ 纳米线阵列上负载 GO、NiCo$_2$O$_4$/rGO 复合材料、镍钴氧化物 / 单壁纳米管和镍钴硫化物等，NiCo$_2$O$_4$/GO 的比电容、倍率性能和容量保持率等电化学性能有明显提高，尤其是在高电流密度下，长时间的充放电条件下，容量保持率提高更为显著，表明材料具有优异的循环稳定性。相应文献的结果列于表 3.3。

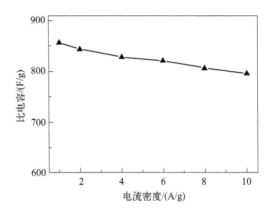

图 3.16 在不同电流密度下，NiCo$_2$O$_4$/GO 复合材料的比电容曲线

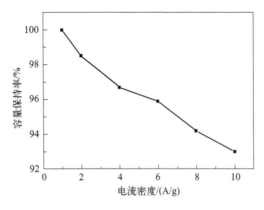

图 3.17 在不同电流密度下，NiCo$_2$O$_4$/GO 复合材料的容量保持率曲线

表 3.3　合成的 $NiCo_2O_4$/GO 复合材料的电化学性能与报道的对比

材料	制备方法	比电容 /（F/g）	倍率性能 /%	容量保持率 /%	文献
$NiCo_2O_4$ 纳米板	水热 - 煅烧	294（1A/g）	48（10A/g）	89.8（2000 次循环）	[160]
Ni-Co 氧化物纳米片	电化学沉积	506（1A/g）	40（10A/g）	94（2000 次循环）	[161]
$NiCo_2O_4$/rGO	自组装 - 热处理	835（1A/g）	74（16A/g）	108（4000 次循环）	[81]
$NiCo_2O_4$ 亚微米球	模板法	678（1A/g）	80（20A/g）	87（350 次循环）	[162]
$NiCo_2O_4$ 薄膜	电化学合成	575（1A/g）	98（10A/g）	99（1000 次循环）	[163]
$NiCo_2O_4$@rGO	水热 - 煅烧	737（1A/g）	50（10A/g）	94（3000 次循环）	[146]
$NiCo_2O_4$ 框架	聚合物辅助	587（2A/g）	88（20A/g）	89（3500 次循环）	[25]
（Co,Ni）O_xS_y	水热 - 煅烧	592（2A/g）	25（20A/g）	95（2000 次循环）	[164]
$NiCo_2O_4$@$NiCo_2O_4$	水热 - 化学沉积	900（1A/g）	75（20A/g）	98.6（4000 次循环）	[76]
$NiCo_2O_4$	水热 - 煅烧	660（1A/g）	71（20A/g）	66.3（4000 次循环）	[76]
$NiCo_2O_4$	sol-gel 法	222（1A/g）	84（3.5A/g）	96.3（600 次循环）	[39]
$NiCo_2O_4$ 碎片	化学水浴沉积	490（15A/g）	—	97（900 次循环）	[165]
$NiCo_2O_4$ 纳米棒	化学水浴沉积	330（15A/g）	—	96（900 次循环）	[165]
$NiCo_2O_4$ 六方体	水热 - 煅烧	663（1A/g）	88（8A/g）	88.4（4000 次循环）	[166]
CNTs@$NiCo_2O_4$	电化学沉积	694（1A/g）	82（20A/g）	91（1500 次循环）	[159]
多孔 $NiCo_2O_4$/GO	聚合物模板法	856（1A/g）	93（10A/g）	146.8（3000 次循环）	本书

3.4　组装成非对称超级电容器的电化学性能

为了考察多孔 $NiCo_2O_4$/GO 纳米复合电极材料在实际应用中的可能性，以多孔 $NiCo_2O_4$/GO（GO 含量为 5%）纳米复合材料作为正极，活性炭（AC）作为负极，组装 $NiCo_2O_4$/GO//AC 非对称超级电容器元件，电解液为 2mol/L KOH 溶液。为获得非对称电化学电容器最大的储能能力，根据电荷守恒原理，正负极的质量比按式（3-1）进行计算：

$$\frac{m_+}{m_-} = \frac{C_- \times \Delta V_-}{C_+ \times \Delta V_+}$$ （3-1）

式中，C_+、C_- 分别代表正、负电极的比电容，F/g；ΔV 代表电压范围，V；m 代表电极活性物质质量，g。图 3.18（a）为在 10mV/s 扫描速率和三电极系统下，正、负极材料的循环伏安曲线。由图可知，AC 的电压为 1.0V，$NiCo_2O_4$/GO 的电压为 0.6V，测得 AC 的比电容为 126.5F/g，根据 $NiCo_2O_4$/

GO 和 AC 比电量的计算，得到正、负极的质量比约为 0.29∶1。从图 3.18（a）可以看出，在 −1.0～0V 的电压窗口内，AC 的 CV 曲线接近矩形，且无氧化还原峰，是一个典型的双电层电容器的特征，而在 0～0.6V 的电压范围内，NiCo₂O₄/GO 纳米复合电极的 CV 曲线呈现出明显可见的氧化还原峰。因此，非对称超级电容器的窗口操作电压提高到 1.6V，达到了扩大电压窗口的目的，电压窗口从 0.6V 扩大到 1.6V，理论上可以得到较高的功率。图 3.18（b）为在不同扫描速率下，非对称超级电容器（ASC）的循环伏安曲线。从图中可以看出，在 0～1.6V 电压范围内，ASC 的每条 CV 曲线形状既不同于双电层也不同于赝电容电极，而是呈现出具有一对氧化还原峰的宽电流区域，确认具有赝电容和双电层类型相互混合的特性。随着扫描速率的增加，响应电流相应增加，曲线形状保持良好，无明显变形，表明具有较好的充放电可逆性。图 3.18（c）为不同电流密度下，ASC 的充放电曲线。从图可以看出，在不同电流密度下，每条曲线形状都基本一致，即使在较大电流密度下也没有出现明显的电压降，但也可明显看出，充电时间大于放电时间，这是由于 AC 负极电子转移更快，还原反应较氧化反应快的缘故。总的来说，组装成 ASC 后，赝电容材料的储能特性仍然占主导地位，装置具有较理想的电容行为和优异的导电性。根据式（2-20），ASC 装置在 1A/g、2A/g、4A/g、6A/g、8A/g 和 10A/g 电流密度下，计算所得的比电容分别是 63.13F/g、53.75F/g、41.50F/g、33.38F/g、26.00F/g 和 21.25F/g，如图 3.18（d）所示，在电流密度为 10A/g 时的容量保持率为 33.66%，组装后的 ASC 表现出比较好的倍率性能。但相对于单电极材料的电化学性能测试（三电极法）结果有一定的下降，这也是组装后普遍存在的规律，源于 AC 的比电容小。为此，组装的 ASC 装置的能量密度、功率密度和循环稳定性是必须要测试的重要因素。

对称超级电容装置的能量密度（E）和功率密度（P）可以根据式（3-2）和式（3-3）计算获得。

$$E = \frac{C_s(\Delta V)^2 \times 1000}{7200} \tag{3-2}$$

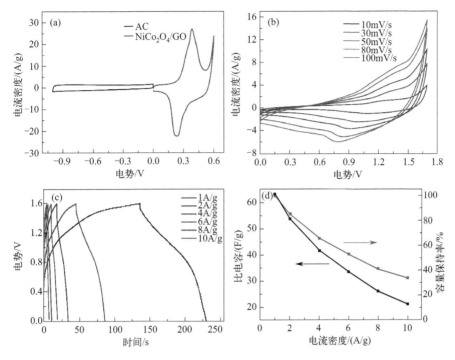

图 3.18　非对称超级电容器（ASC）装置的电化学性能测试曲线

（a）在扫描速率为 10mV/s 下，NiCo₂O₄/GO 和 AC 样品的循环伏安曲线；（b）不同扫描速率下，装置的循环伏安曲线；（c）不同电流密度下，装置的恒流充放电曲线；（d）不同电流密度下，装置的比电容曲线

$$P = \frac{E \times 3600}{\Delta t \times 1000} \qquad (3\text{-}3)$$

式中，C_s 是比电容，F/g；ΔV 表示放电过程中的电位变化，V；E 是能量密度，W·h/kg；P 是功率密度，kW/kg；Δt 是放电时间，s。根据 ASC 装置的比电容数据，能量密度和功率密度的计算结果如图 3.19（a）所示。在功率密度为 0.8kW/kg、1.6kW/kg、3.2kW/kg、4.8kW/kg、6.4kW/kg 和 8.0kW/kg 时，ASC 装置的能量密度分别为 22.45W·h/kg、19.11W·h/kg、14.76W·h/kg、11.87W·h/kg、9.24W·h/kg 和 7.56W·h/kg。NiCo₂O₄/GO//AC 在 0.8kW/kg 的功率密度下能量密度达到 22.45W·h/kg，而在同样条件下，单相 NiCo₂O₄ 材料为 15.11W·h/kg，能量密度得到了提高。为进

一步考察电极材料的结构稳定性，对其进行了循环寿命测试。图 3.19（b）为在电流密度为 10A/g 下，NiCo$_2$O$_4$/GO//AC 非对称超级电容器的循环使用寿命测试曲线。由图可知，ASC 装置的容量在前期的循环过程中有明显的上升。这是由于 NiCo$_2$O$_4$/GO 材料有大量的孔结构，电解液通过孔道逐渐进入材料内部，经持续的充放电循环使活性物质逐渐活化。充放电循环 12000 次后，比电容从最初的 35F/g 升高到 47.5F/g，容量保持率为 135.7%，具有非常优异的循环稳定性。ASC 装置的能量与功率密度和循环稳定性等参数与以前关于镍 - 钴氧化物 ASC 装置（AC 作负极）的文献报道有明显的提高，尤其是循环稳定性（使用寿命）提高显著。如 M.Sethi 等人[51] 水热合成的 NiCo$_2$O$_4$ 纳米棒材料在功率密度为 997W/kg 下，能量密度为 10.1W·h/kg，在 8A/g 下，充放电循环 2000 次后容量保持率为 94%；W.Liu 等人[159] 合成的核 - 壳结构 CNTs/NiCo$_2$O$_4$ 纳米复合材料在功率密度为 900W/kg 时，能量密度约为 16W·h/kg，在 4A/g 下，充放电循环 1500 次后容量保持率为 91%；X.Liu 等人[167] 合成的镍钴氧化物纳米球材料在功率密度从 750W/kg 增加到 2016W/kg 时，能量密度从 10.4W·h/kg 降低到 5.56W·h/kg，充放电循环 10000 次后容量保持率为 90.4%；M.Kuang 等人[168] 用一种可调节合成法制备出 Cu/CuO$_x$@NiCo$_2$O$_4$ 纳米复合材料，在功率密度为 344W/kg 时，能量密度为 12.6W·h/kg，在 2A/g 下，充放电循环 10000 次后，容量保持率为 98.2%；C.Tang 等人[169] 合成的分层多孔 NiCo$_2$O$_4$ 材料在功率密度为 950W/kg 时，能量密度为 9.5W·h/kg，容量保持率约为 90%；Y.X.Zhang 等人[170] 合成的 NiCo$_2$O$_4$/MnO$_2$ 纳米复合材料在功率密度为 800W/kg 时，能量密度为 8W·h/kg，在 5A/g 下，充放电循环 3000 次后容量保持率为 89.7%。为了便于对比，文献报道的功率密度和能量密度数据嵌入图 3.19（a）中。

相比于一些 NiCo$_2$O$_4$ 基赝电容，组装 ASC 装置的性能显著提高。除了上面提到的丰富的孔道结构、超细颗粒、稳定的结构、良好的导电性以及 GO 双电层和 NiCo$_2$O$_4$ 赝电容协同作用的原因外，还有纳米单晶粒厚度的超薄孔壁和介孔大大缩短了电解质离子在快速充放电过程中的扩散和迁移路径，提高了电极材料的电化学利用率，增强了电化学动力学；GO 的引入加速了电荷的快速转移；组装后电压窗口增大。这些都使组装 ASC 装置的能量密度、功率密度和循环寿命增加。

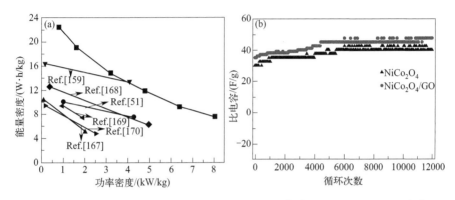

图 3.19 ASC 装置的能量密度与功率密度的关系曲线（a）和循环寿命关系曲线（b）

3.5 NiCo₂O₄ 和 GO 协同作用机理

从上述结果来看，不论是单电极还是双电极，适量地引入 GO 都能显著提高 NiCo₂O₄ 基电极材料的电化学性能，充分发挥两者的协同增效作用。原因有以下 3 点：①加入适量 GO 有利于降低电极材料的内阻，有利于法拉第反应产生的电子的快速转移，利用高倍率下 GO 双电层电容器的快充快放特性，可提高复合电极材料充放电初始比电容、效率和倍率特性；②加入适量 GO 能获得更大的比表面积，能提供更多的活化反应点，减少了电化学反应死角，提高比电容；③ GO 具有优异的力学性能，适量地引入可以支撑多孔结构更稳定，进而增强电极材料的循环稳定性。但过量 GO 的加入，一方面，破坏了多孔结构的完整性，增加了微观缺陷，减少了有效孔隙；另一方面，由于 GO 的比电容较小，根据复合材料的复合特性，比电容也会减小，这些都不利于电极材料电化学性能的提高。

本章小结

① 以原位合成网络高聚物为模板成功合成了不同 GO 含量的 3D 多孔 $NiCo_2O_4$/GO 纳米复合电极材料。通过 FESEM、TEM、HRTEM、SAED、XPS 和 N_2 恒温吸脱附等测试、表征与分析，当 GO 含量为 5% 时，$NiCo_2O_4$/GO 纳米复合电极材料具有完整的 3D 孔道结构，最大的比表面积（96.99m^2/g），由 7 ～ 15nm $NiCo_2O_4$ 纳米晶构成的单晶粒层孔壁，更多的介孔。大的比表面积，小的晶粒尺寸和丰富的孔道结构对提高材料的电化学性能是有利的。电化学测试表明，GO 含量为 5% 时 $NiCo_2O_4$/GO 纳米复合电极的确具有相对最好的电化学性能。

② 优化的 $NiCo_2O_4$/GO 复合材料（GO 含量为 5%）和相同制备条件下合成的单相 $NiCo_2O_4$ 材料进行对比测试，优化的 $NiCo_2O_4$/GO 材料具有更好的电化学性能。在 1A/g 下，优化的 $NiCo_2O_4$/GO 材料的比电容（856F/g）比单相 $NiCo_2O_4$ 的（371.2F/g）大；在 10A/g 下容量保持率从 88.9% 提高到 93.0%；充放电循环 3000 次后容量保持率均超过了 150%。相对于单相 $NiCo_2O_4$ 电化学性能的提高主要在于比表面积的增大，内阻的减小和 GO 双电层和 $NiCo_2O_4$ 赝电容的协同作用。

③ 将优化样品组装成 $NiCo_2O_4$/GO//AC 非对称超级电容器装置进行电化学性能测试与分析。结果分析表明：在 1A/g 电流密度下比电容为 63.13F/g，功率密度约为 0.8kW/kg 时，能量密度达 22.45W·h/kg。在 10A/g 的电流密度下循环 12000 次后，比电容为 47.5F/g，容量保持率超过 100%，具有非常优异的稳定性，相比 $NiCo_2O_4$ 样品的性能（12000 次，40F/g）有明显的提升。原因：丰富的孔道结构、超细颗粒、稳定的结构、良好的导电性以及 GO 双电层和 $NiCo_2O_4$ 赝电容协同作用；纳米单晶粒

厚度的超薄孔壁和介孔大大缩短了电解质离子在快速充放电过程中的扩散和迁移路径，提高了电极材料的电化学利用率，增强了电化学动力学；GO 的引入加速了电荷的快速转移；组装后电压窗口增大。这些都使组装 ASC 装置的能量密度、功率密度和循环寿命增加。因此，$NiCo_2O_4$/GO 可以用于下一代超级电容器的实际应用。

第四章

多孔 NiCo$_2$O$_4$/NiO 纳米复合

电极材料的制备与研究

▲ ▲ ▲ ▲ ▲ ▲

4.1 引言

在 NiCo$_2$O$_4$ 中引入氧化石墨烯（GO）合成的多孔 NiCo$_2$O$_4$/GO 纳米复合电极材料具有较高的比电容、倍率特性和优异的循环稳定性，但 GO 价格较贵，会增加超级电容器电极材料的成本。为了降低成本，引入价格低廉的材料来替代 GO 是个可行的思路。NiO 材料因价格低廉、具有较高的理论比容量，经常作为超级电容器材料被研究[10, 11, 50]。在 NiCo$_2$O$_4$ 基体中引入纳米 NiO 制备的 NiCo$_2$O$_4$/NiO 纳米复合电极材料也取得了较好的电化学性能。因此，本书在第二章成功制备出多孔 NiCo$_2$O$_4$ 纳米材料的基础上，通过非均相蒸发溶剂成核来制备具有多孔结构的 NiCo$_2$O$_4$/NiO 纳米复合电极材料，通过材料表征和电化学测试与分析来研究、探讨、分析纳米 NiO 的引入对复合材料显微结构和电化学性能的影响。

4.2 材料表征与分析

4.2.1 XRD 分析

图 4.1 为 NiO 含量为 5% 的 NiCo₂O₄/NiO 复合材料（280℃）的 XRD 谱图。由图可以看出，除了尖晶石型 NiCo₂O₄ 相外（与标准卡片 JCPDS No.73-1702 对比），在 2θ 角为 37.3°、43.4° 和 63.0° 处发现三个衍射峰，这与立方 NiO 标准卡片 JCPDS No. 47-1049 中的（111）、（200）和（220）晶面特征峰一致，表明硝酸镍在 280℃ 已经分解，生成了 NiCo₂O₄/NiO 复合电极材料。

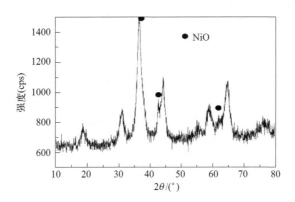

图 4.1 NiO 含量为 5% 时，NiCo₂O₄/NiO 的 XRD 谱图

4.2.2 FESEM 显微结构观察与分析

图 4.2 为不同 NiO 含量的 NiCo₂O₄/NiO 复合材料的 FESEM 图。由图可知，随着 NiO 含量的增大，即引入的 NiO 增多，孔结构并未明显被破坏，但 NiO 晶粒明显增多，且颗粒团聚严重。这是由于多孔单相 NiCo₂O₄ 材料本身就是一个非均匀结构，结构缺陷很多，所以随着溶剂的蒸发，

硝酸镍析晶时优先在结构缺陷处成核、生长，并且在煅烧过程中，硝酸镍热分解，生成了团聚的超细 NiO 晶粒。

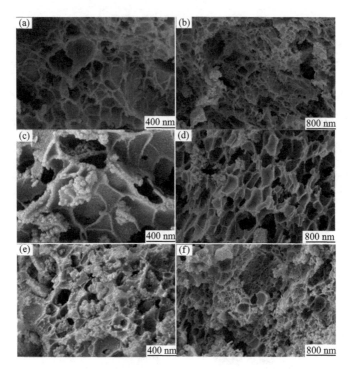

图 4.2　不同 NiO 含量的 NiCo$_2$O$_4$/NiO 复合材料的 FESEM 图
（a）和（b）2%；（c）和（d）5%；（e）和（f）10%

4.2.3　透射电镜观察与分析

　　图 4.3 为 NiCo$_2$O$_4$/NiO（NiO 含量为 5%）复合材料的 TEM［（a）、（b）]、HRTEM（c）照片和 SAED 衍射花样（d）。从图 4.3（a）、（b）可以看出，孔壁很薄，大部分为单晶粒尺寸厚度，明显能看见聚合物网络痕迹（黑线），晶粒基本呈球形，大小在 7～10nm 之间，晶界上存在大量的纳米孔隙，说明仍然保持原孔壁的特征，并未因引入 NiO 而破坏；用 Digital micrograph 对 HRTEM［图 4.3（c）］和 SAED［图 4.3（d）］进行分析和标定，表明样品的晶面与晶面间距与 NiCo$_2$O$_4$ 标准卡片（JCPDS No.73-1702）基本一致，但略大，并未发现 NiO 相，进一步说明 NiO 分布不均匀。晶面间距略大，表明合成的 NiCo$_2$O$_4$ 晶粒很小，结晶度略差，这与 XRD 的结果是吻合的。

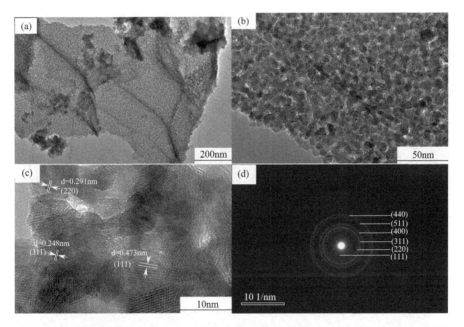

图 4.3　NiO 含量为 5% 时，NiCo$_2$O$_4$/NiO 复合材料的 TEM［（a）、（b）］、HRTEM（c）和 SAED 衍射花样（d）照片

4.2.4　能谱（EDS）分析

图 4.4 为 NiCo$_2$O$_4$/NiO 复合材料（NiO 含量为 5%）的面扫描电子能谱图。由图可知，材料中含有 Ni、Co、O 和 C，其含量如表 4.1 所示。C 元素的发现可能是由残碳和样品吸附的 CO$_2$ 所致，但由于 C 元素较多，最有可能贡献于聚合物裂解生成的残碳。理论上，复合材料中的 Co、Ni

质量比应为 1.82，但这里两者的比例却达到 1.38，表明所选区域引入
NiO 比较集中，说明 NiO 的分布很不均匀，这与 FESEM 观察到的现象
是一致的。从图 4.5 各元素的面分布来看，Co 和 Ni 分布均匀，能够分辨
出孔的存在，表明所选区域 Ni 分布是均匀的；O 和 C 分布不均，则是因
两者为轻元素，受表面凸凹不平的影响比较明显。

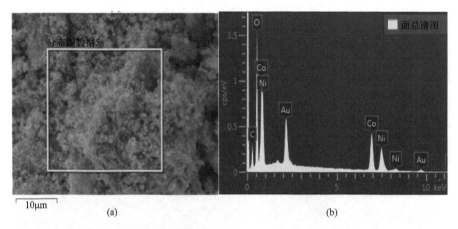

图 4.4　NiCo₂O₄/NiO 复合材料（NiO 含量为 5%）面扫描电子能谱图

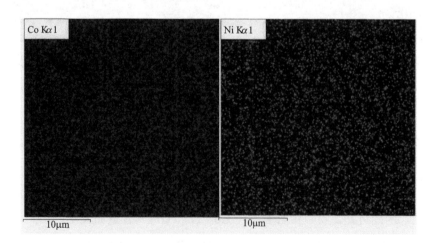

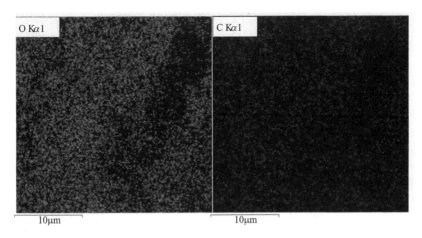

图 4.5　NiCo₂O₄/NiO 复合材料（NiO 含量为 5%）中 Co、Ni、O 和 C 的分布图

表 4.1　NiCo₂O₄/NiO 复合材料（NiO 含量为 5%）中各元素含量

元素	线类型	表观浓度	k 比值	含量（质量分数）/%	总置信数值（不确定度）/%
C	K 线系	1.40	0.01400	14.96	0.78
O	K 线系	14.79	0.04978	24.09	0.49
Co	K 线系	18.73	0.18731	35.34	0.69
Ni	K 线系	14.05	0.14045	25.61	0.70
总和				100.00	

4.2.5　XPS 分析

图 4.6 为 NiCo₂O₄/NiO（NiO 含量为 5%）复合材料的 XPS 谱图。图 4.6 (a) 的测量光谱表明材料中的主要成分是钴、镍、氧和碳，这与 EDS 分析是一致的。在图 4.6 (b) 中，在结合能 856.3eV 和 872.8eV 处 [拟合峰的半峰全宽（FWHM）值] 的两个峰归因于 Ni $2p_{3/2}$ 和 Ni $2p_{1/2}$，自旋分离能为 16.5eV。Ni $2p_{3/2}$ 和 Ni $2p_{1/2}$ 各自由两个峰组成，分别对应于 Ni³⁺ 和 Ni²⁺[78]。相类似，在 Co 2p XPS 谱图 [图 4.6 (c)] 中，位于 780.7eV 和 796.3eV 的两个峰贡献于 Co $2p_{3/2}$ 和 Co $2p_{1/2}$，自旋分离能为 15.6eV，与

文献的报道相符[80]。同样，图 4.6（d）O 1s 谱图显示三个供氧基团，即 O 1（529.54eV）、O 2（531.17eV）和 O 3（532.5eV），分别对应金属-氧键、低氧配位的缺陷位点和物理及化学吸附水[82]。XPS 只作为定性分析，并不能准确分析各元素准确的含量。

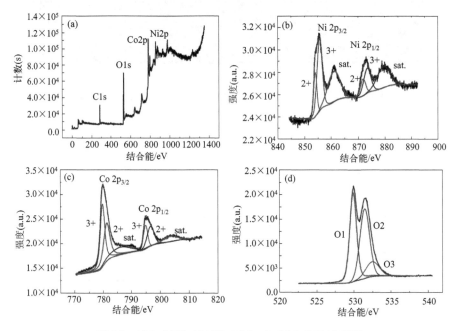

图 4.6　NiO 含量为 5% 时，NiCo₂O₄/NiO 的 XPS 谱图

（a）XPS 全谱；（b）Co 2p；（c）Ni 2p；（d）O 1s

4.2.6　孔径与比表面积分析

图 4.7 为不同 NiO 含量的 NiCo₂O₄/NiO 复合材料的 N₂ 吸附和脱附等温曲线［比表面积（BET）和孔径分析（BJH）曲线］。BET 和 BJH 值列于表 4.2。同图 2.18 和图 3.10 相比，NiCo₂O₄/NiO 复合材料的 N₂ 吸附和脱附等温曲线都是Ⅳ型，有介孔存在；不同点在于：孔径分布［图 4.7

（b）] 呈明显的双峰分布，尤其 NiO 含量为 2% 和 10% 时更为明显；在复合材料中明显为小孔径为主，小孔径对应的峰约为 3.7nm，大孔径的在 27nm 左右，孔径 BJH 值相差非常小，仅仅在含量上略有区别。这表明复合材料中仍以单相 NiCo₂O₄ 多孔结构为主，大孔径的存在应该归因于 NiO 的聚合堆积。由表 4.2 可知，比表面积随着 NiO 含量的增大而减小，这也进一步表明，引入的 NiO 存在严重的团聚现象。本章单从 BET 和 BJH 分析并不能明显判断出 NiO 含量对电化学性能的影响，因为从 BET 值来看，NiO 含量为 2% 时获得的样品具有更大的比表面积，具有更多活性反应点，然而从 BJH 曲线来看，NiO 含量为 5% 时获得的样品中应该具有更多的介孔，有利于电解质和电荷转移。因此，NiO 含量对 NiCo₂O₄/NiO 复合材料电化学性能的影响应该由电化学性能测试来确定。

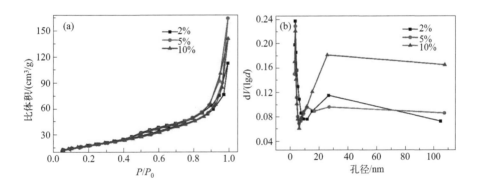

图 4.7　不同 NiO 含量的 NiCo₂O₄/NiO 复合电极材料的 N₂ 吸附和脱附等温曲线

（a）比表面积（BET）；（b）孔径分布（BJH）

表 4.2　不同 NiO 含量的 NiCo₂O₄/NiO 复合材料的 BET 和 BJH 值

NiO 含量 /%	2	5	10
BET/（m²/g）	74.91	64.31	62.50
孔径（BJH）/nm	3.79	3.76	3.79

4.3 NiCo$_2$O$_4$/NiO 复合材料电化学测试与分析

4.3.1 不同 NiO 含量对循环伏安特性的影响

图 4.8 为在扫描速率为 10mV/s 下，不同 NiO 含量的 NiCo$_2$O$_4$/NiO 复合材料的循环伏安曲线。由图可知，相比于单相 NiCo$_2$O$_4$，在 0 ~ 0.6V 电压范围内，复合材料 CV 曲线的响应电流和闭合面积都明显增大，表明复合材料具有更大的比电容；随着 NiO 含量的增大，CV 曲线上出现明显的两对氧化还原峰，分别对应 Co^{3+}/Co^{2+} 和 Ni^{3+}/Ni^{2+} 的氧化还原反应，另一对氧化还原峰的明显出现，进一步表明了材料的复合特性。NiCo$_2$O$_4$ 中的 Co^{3+}/Co^{2+} 和 Ni^{3+}/Ni^{2+} 的氧化还原反应如式（2-21）和式（2-22）所示，由于 NiO 的引入，还会发生式（4-1）所示的反应：

$$NiO + OH^- \longrightarrow NiOOH + e^- \tag{4-1}$$

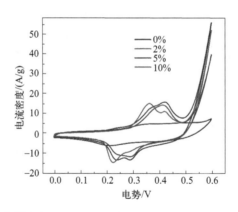

图 4.8　在 10mV/s 扫描速率下，不同 NiO 含量的 NiCo$_2$O$_4$/NiO 复合材料的循环伏安曲线

4.3.2 不同 NiO 含量对恒流充放电的影响

图 4.9 为在电流密度为 1A/g 下，具有不同 NiO 含量的 NiCo$_2$O$_4$/NiO 复合材料的恒流充放电曲线。由图可知，相比于单相 NiCo$_2$O$_4$，在

0 ～ 0.5V 电压范围内，放电时间明显延长。根据式（2-20）可知，相比于单相 NiCo$_2$O$_4$，引入 NiO 后，放电时间增加，比电容增大；当 NiO 含量为 2%、5% 和 10% 时，计算的比电容分别为 451.2F/g、565.4 F/g 和 477.2 F/g，如图 4.10 所示，即 NiO 含量为 5% 时合成的 NiCo$_2$O$_4$/NiO 复合材料具有最大的比电容，表明要获得更高的比电容，在 NiCo$_2$O$_4$ 基体中引入 NiO 的量有一个合适的范围。虽然比表面积和介孔尺寸及数量对材料的电化学性能有影响，但结合 BET 和 BJH 数据（见表 4.2），相比于单相 NiCo$_2$O$_4$，NiCo$_2$O$_4$/NiO 复合材料的比电容增大的原因在于两者的协同作用。NiO 引入太少，协同作用不明显，太多则由于大量超细 NiO 的聚合团聚，损失了一部分活性反应点和孔道，降低了其比电容。

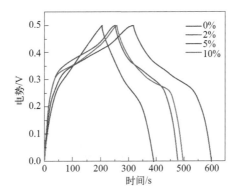

图 4.9　在电流密度为 1A/g 下，不同 NiO 含量的 NiCo$_2$O$_4$/NiO 复合材料的恒流充放电曲线

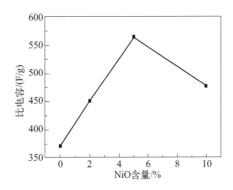

图 4.10　在电流密度为 1A/g 下，不同 NiO 含量的 NiCo$_2$O$_4$/NiO 复合材料的比电容

4.3.3 不同 NiO 含量对交流阻抗的影响

图 4.11 为不同 NiO 含量的 NiCo₂O₄/NiO 复合材料的交流阻抗谱图。由图可知，在低 - 中频区的半圆直径，NiO 含量为 5% 时的样品最小，表明电极和活性材料表面和电解质界面电荷转移阻力 R_{ct} 最小，表明材料应该具有较好的倍率特性。虽然引入 10%NiO 的复合材料的电极测试系统阻抗 R_s 略小，但相差不大，可能源于活性材料之间的接触电阻较小。低频区的斜率较大，也基本相同，表明 Warburg 阻抗较小，OH⁻ 扩散速率较快，这贡献于丰富的孔道结构。

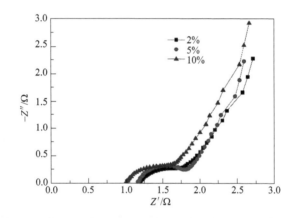

图 4.11　不同 NiO 含量的 NiCo₂O₄/NiO 复合材料的交流阻抗谱图

4.3.4 不同扫描速率对循环伏安特性的影响

图 4.12 为不同扫描速率下，NiCo₂O₄/NiO（NiO 含量为 5%）复合材料的循环伏安曲线。由图可知，随着扫描速率的增加，在 0 ～ 0.5V 的电压范围内，氧化峰和还原峰分别向正向和反向移动，闭合面积增大，响应电流增加，极化程度增加，两对氧化还原峰逐渐变成一对，表明高扫

描速率下，材料充放电会有滞后或不完全；曲线对称性保持相对较好，表明具有较好的电化学特性。在高扫描速率（＞50mV/s）下，消失的氧化还原峰应该对应于 Ni^{3+}/Ni^{2+}。作者认为原因有两点：第一点，Ni 相对于 Co 量少，Ni^{3+}/Ni^{2+} 氧化还原峰相对较弱；第二点，Ni^{3+}/Ni^{2+} 得失电子较 Co^{3+}/Co^{2+} 要难，因为 $NiCo_2O_4$ 的带隙（2.1eV[171]）比 NiO 的（3.6eV[172]）低得多，而与 Co_3O_4 的值（2.2eV[173]）相近。因此，高扫描速率下，NiO 的充放电更加不完全，表现为氧化还原反应活性点少，相应的峰变弱。

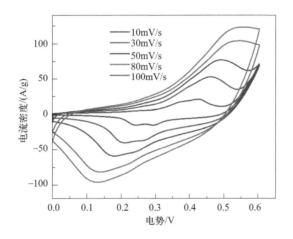

图 4.12 不同扫描速率下，$NiCo_2O_4$/NiO（NiO 含量为 5%）复合材料的循环伏安曲线

4.3.5 不同电流密度对恒流充放电的影响

图 4.13 为不同电流密度下，$NiCo_2O_4$/NiO（NiO 含量为 5%）复合材料的恒流充放电曲线。由图可知，电流密度增大，放电时间减少。根据式（2-20）计算的比电容和容量保持率如图 4.14 所示。在 1A/g、2A/g、4A/g、6A/g、8A/g 和 10A/g 时，计算的比电容分别为 565.4F/g、550.8F/g、549.6F/g、536F/g、536F/g 和 526F/g，库仑效率达 95% 以上。

从总的趋势来看，随着电流密度的增加，比电容减小，10A/g 时的比电容为 1A/g 时的 93.0%，表明复合材料具有良好的倍率性能。从第二章和第三章的结果来看，良好的倍率性能主要贡献于介孔及含量。相互连通的孔道减小了电解质和电荷转移阻力，使活性材料与电解质更充分地接触，减少了死角面积；同时也缓冲了充放电过程中体积效应产生的应力，保持材料的结构稳定性。

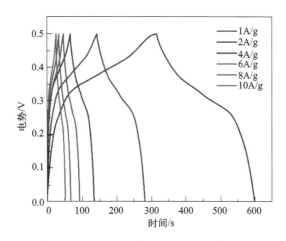

图 4.13　不同电流密度下，NiCo$_2$O$_4$/NiO（NiO 含量为 5%）复合材料的恒流充放电曲线

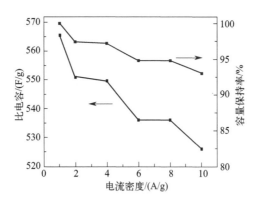

图 4.14　不同电流密度下，NiCo$_2$O$_4$/NiO（NiO 含量为 5%）
复合材料的比电容和容量保持率

4.3.6　交流阻抗等效电路分析

图 4.15 为 NiCo$_2$O$_4$/NiO（NiO 含量为 5%）的等效电路与拟合曲线。由图可以看出，用 Zsimpdemo 软件得到较好的拟合结果。拟合的等效电路参数如表 4.3 所示。在中频区，电化学系统的电阻（R_s）为 1.18Ω，中 - 低频区半圆的直径对应于电极和电解质界面的电荷转移电阻（R_{ct}）为 0.563 Ω，在低频范围内，代表电解质中的 OH$^-$ 在活性物质中扩散和在电极表面的快速吸附的 Warburg（Z_w）电阻中 Y_0 为 0.35s$^{1/2}$。与表 3.2 中的单相 NiCo$_2$O$_4$ 相比，R_s 基本相同，R_{ct} 略大，Z_w 要小，表明 NiO 的加入更有利于电解质中 OH$^-$ 的扩散和在电极表面的快速吸附，有利于氧化还原反应的进行，有利于电化学性能的提高。原因在于：纳米 NiO 晶粒聚合堆积的孔道和多孔 NiCo$_2$O$_4$ 材料丰富了孔道结构，导致 OH$^-$ 的快速扩散。

表 4.3　NiCo$_2$O$_4$/NiO（NiO 含量为 5%）数值拟合等效电路参数

材料	R_s/Ω	R_{ct}/Ω	Y_0/s$^{1/2}$	C_{dl}/10^{4}F	CPEpc/F
NiCo$_2$O$_4$/NiO	1.180	0.563	0.352	8.578	0.101

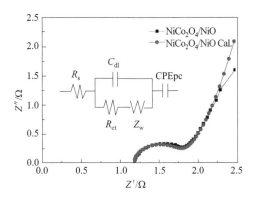

图 4.15　NiCo$_2$O$_4$/NiO（NiO 含量为 5%）复合材料交流阻抗的等效电路及拟合曲线

4.3.7　循环寿命

图 4.16 是 NiCo$_2$O$_4$/NiO（NiO 含量为 5%）复合材料在电流密度为 10A/g 条件下的循环寿命图。由图可知，随着充放电次数的增加，在充放电 350 次之前比电容增大明显，比电容从 448F/g 增大到 532F/g；当充放电次数在 350 和 1100 之间时，比电容增长缓慢，比电容从 532F/g 增大到 556F/g；之后比电容趋于稳定，基本稳定在 560F/g。在充放电 1100 次之前，比电容的增加是由工作电极活化所致。经过 3000 次循环之后，容量保持率为 125%，表明 NiCo$_2$O$_4$/NiO 具有很好的循环稳定性。但与单相多孔的 NiCo$_2$O$_4$ 的循环寿命相比（图 2.26），复合材料的初始比电容更大，达到比电容稳定的活化时间更短，但从稳定后最大比电容和容量保持率来看，单相材料具有更高的比电容和容量保持率。这表明，NiO 的引入，有利于缩短活化时间，增加初始比电容，协同作用明显，然而对于长时间充放电，NiO 的引入显然对于获得更高的比电容是不利的，这与 NiO 相对较差的电化学性能有关。

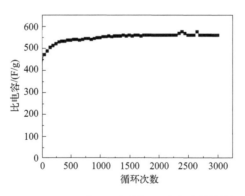

图 4.16　NiCo$_2$O$_4$/NiO（NiO 含量为 5%）复合材料的循环寿命

本章小结

① 在用原位合成聚合物模板法合成 3D 多孔纳米 $NiCo_2O_4$ 的基础上，浸渍蒸发并结合煅烧合成 3D 多孔 $NiCo_2O_4/NiO$ 纳米复合电极材料。通过 FESEM、TEM、HRTEM、SAED、XPS 和 N_2 恒温吸脱附等测试、表征与分析，随着 NiO 含量的增加，原 3D 多孔 $NiCo_2O_4$ 的形貌并未因引入 NiO 而被破坏，仍保持原有的结构。引入的纳米 NiO 团聚堆积于多孔 $NiCo_2O_4$ 材料的缺陷处；随着 NiO 含量的增加，比表面积减小，这主要归因于聚合堆积在孔壁表面的 NiO。

② 电化学测试结果表明，引入 NiO 的含量存在一个相对最佳值，即 NiO 含量为 5% 时，所得 $NiCo_2O_4/NiO$ 纳米复合电极具有相对最好的电化学性能。这也表明比表面积大虽然有利于电化学性能的提高，但也不是决定材料电化学性能的决定因素，而两种材料的协同增效作用对材料电化学性能影响更为显著。

③ 优化的 $NiCo_2O_4/NiO$ 材料（NiO 含量为 5%）的电化学性能测试结果表明，在电流密度为 1A/g 下，$NiCo_2O_4/NiO$ 纳米复合材料的比电容为 565.4F/g，而在 10A/g 下，比电容为 526F/g，容量保持率为 93.0%；充放电循环 3000 次后，容量保持率均超过了 125%。优异的循环稳定性主要贡献于 3D 多孔结构和两种材料的协同作用。

第五章

喷雾干燥法制备多孔 NiCo$_2$O$_4$/CNTs
纳米复合电极材料的研究

▲▲▲▲▲▲

5.1　引言

NiCo$_2$O$_4$ 的形貌控制、纳米化和多孔性对其电化学性能有重要影响，因而制备纳米尺寸的、具有特殊形貌的 NiCo$_2$O$_4$ 是必要的。到目前为止，水热法是制备具有特殊形貌的 NiCo$_2$O$_4$，如针状、片状和花状等[32-36, 51-53]，非常有效的方法。虽然水热法作为研究方法简单、高效，但作为规模化生产方法则存在一定限制，如需要专用的高压反应设备，还有如何保证大的反应釜内温度和反应均匀性，以及在水热条件下，成核、生长在泡沫镍基材上的 NiCo$_2$O$_4$ 如何避免来自酸碱性溶剂的污染与反应等问题。共沉淀法[31, 32]和 sol-gel 法[39, 174]作为相对环保的制备方法，虽然具有制备工艺简单、成本低、制备条件易于控制等优点，但制备、煅烧过程中易发生团聚，且形貌和孔隙大小不易控制，影响 NiCo$_2$O$_4$ 电化学性能的提高。因此，采用效率更高的规模化制备方法进行研究是必要的。喷雾干燥法作为常用的连续规模化的生产方法，因其工艺简单，过程易操控，制备的样品均匀、球形度高等常被用来制备高性能材料。作者所在的课题组[175-177] 用该方法成功制备出具有微 - 纳结构的多孔 $Li_4Ti_5O_{12}$ 和 $LiFePO_4$ 微球，测试结果表明这些材料具有优异的电化学性能。因此，本章拟采用喷雾干燥法来制备 $NiCo_2O_4$ 及其复合材料。

由于 $NiCo_2O_4$ 基复合材料中各组分的协同作用能够提高其电化学性能，所以本章以具有优异电学、力学、化学性能和多孔结构的碳纳米管（CNTs）作为引入相，制备 $NiCo_2O_4$/CNTs 纳米复合材料，期望获得比同样条件下制备的单相 $NiCo_2O_4$ 有更好的电化学性能。本章在前期系统研究喷雾干燥工艺制备具有微 - 纳结构多孔 $NiCo_2O_4$ 微球的基础上[178]，系统研究 CNTs 含量对复合材料物相、显微结构和电化学性能的影响，并探讨 CNTs 的引入对复合材料电化学性能的影响机制。

5.2　喷雾干燥法制备介孔纳米 $NiCo_2O_4$ 微球及其复合材料

5.2.1　微－纳结构介孔 $NiCo_2O_4$ 微球的制备

根据课题组近年来利用喷雾干燥法制备球形粉体的研究成果，本章以钴、镍醋酸盐为原料，以柠檬酸为螯合剂，以乙二醇乙醚和水为溶剂进行喷雾干燥法结合煅烧工艺制备微 - 纳结构介孔 $NiCo_2O_4$ 微球，制备流程如图 5.1 所示。具体优化步骤如下：先称取物质的量之比为 $1:2:3$ 的乙酸镍、乙酸钴和柠檬酸，加入适量去离子水中，磁力搅拌至完全溶解，随后用 6mol/L 的氨水调节 pH 值约至 8.5，得到有效离子浓度为 3mol/L 的透明紫色螯合溶液，然后再将螯合溶液放置在 150℃恒温鼓风烘干箱中保温 14h，得到紫色固体；将获得的固体加入一定量的用氨水调至碱性的去离子水中，用磁力搅拌使溶解，然后再加入一定量碱性水和乙二醇乙醚，得到醚水比为 $2:1$，有效离子浓度为 0.3mol/L，pH 值为 8.5 的紫色溶液。上述液体在喷雾条件下，即入口温度为 150℃，出口温度为 75℃，喷嘴口径为 0.5mm，喷雾压力为 0.3 MPa，蠕动泵速度为 550 mL/h，进行喷雾，获得球形 $NiCo_2O_4$ 前驱体，前驱体在 300℃下煅烧 4 h 获得具有微 - 纳结构的多孔 $NiCo_2O_4$ 样品。

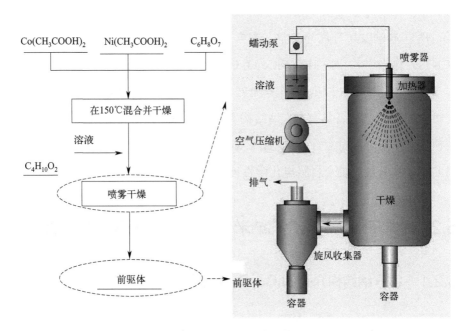

图 5.1 喷雾干燥流程图

5.2.2 多孔 NiCo₂O₄/CNTs 微球的制备

同 5.2.1 相比，多孔 $NiCo_2O_4$/CNTs 微球的制备过程的区别仅在于喷雾溶液的不同。$NiCo_2O_4$/CNTs 喷雾悬浮液是在 5.2.1 中获得的紫色溶液中加入所需质量的 CNTs 和厂家配套的分散剂（CNTs 厂家提供），超声分散 1h 后获得的。

5.3　多孔 NiCo$_2$O$_4$/CNTs 复合微球的表征与分析

5.3.1　前驱体的热分析

CNTs 在 500℃以下化学性质稳定，对喷雾干燥前驱体煅烧合成 NiCo$_2$O$_4$ 影响较小，所以用不含 CNTs 的前驱体进行热分析来确定前驱体中的物理、化学变化。图 5.2 为不含 CNTs 时喷雾干燥前驱体的 DSC-TG 曲线。由图可知，在 DSC 曲线上有三个峰，并在 TG 曲线上伴有明显的失重。第一个峰位于 105℃附近，为吸热峰，伴有 9% 的质量损失，这是由吸附水导致的；第二个吸热峰位于 150～250℃范围内，失重 30%，这贡献于柠檬酸根的缩合脱水和残余醋酸根的分解；伴有失重 30% 的一个最强的放热峰位于 290℃和 380℃之间，这归因于缩合柠檬酸根的燃烧和 NiCo$_2$O$_4$ 的合成。这从图 5.3 的 XRD 谱图可以得到证实。

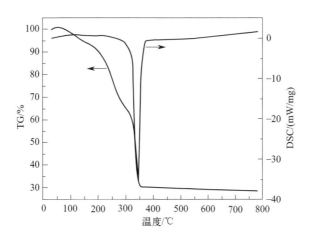

图 5.2　不含 CNTs 喷雾干燥所得前驱体的差热－热重曲线

5.3.2 物相分析

    图 5.3 为喷雾干燥前驱体和 300℃煅烧所得样品的 XRD 谱图。由图可知，干燥的前驱体为无定形态；在 300℃煅烧后，2θ 为 18.9°、31.2°、36.6°、44.5°、59.0° 和 64.8° 时出现明显的衍射峰，与标准卡片 JCPDS No.73-1702 对照，分别对应于 NiCo₂O₄ 的（111）、（220）、（311）、（400）、（511）和（440）晶面，表明喷雾干燥的前驱体在 300℃煅烧后生成了尖晶石型 NiCo₂O₄。使用 Scherrer 公式 $[D = 0.89\lambda/(B\cos\theta)]$ 估算在 300℃煅烧所得 NiCo₂O₄ 的平均晶粒尺寸约为 15nm。由于随着煅烧温度的升高，晶粒长大，不利于电化学性能的提高，故本章都用 300 ℃煅烧的样品进行表征和分析。

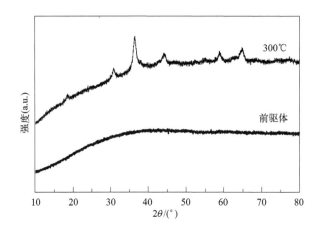

图 5.3 不含 CNTs 喷雾干燥前驱体和在 300℃煅烧所得样品的 XRD 谱图

    图 5.4 为 CNTs 含量为 10% 时，商品化的 CNTs 和喷雾干燥的前驱体在 300℃煅烧所得样品的 XRD 谱图。由图可知，在 300 ℃煅烧的样品 XRD 谱图中，除了 2θ 在 18.9°、31.2°、36.6°、44.5°、59.0° 和 64.8° 处发现尖晶石型 NiCo₂O₄ 的衍射峰外，还在 26.1° 和 51.8° 出现了两个弱峰，与

CNTs 的特征峰对比，是 CNTs 的特征峰，而 CNTs 在 42.7° 和 44.4° 处的特征峰则与 44.5° 处的 $NiCo_2O_4$ 的特征峰重合，尽管重合，但也能明显看出该峰底部有宽化现象，这正是由 CNTs 在 42.7° 处的特征峰引起的。因此，喷雾干燥并结合煅烧工艺能够成功制备出 $NiCo_2O_4$/CNTs 复合材料。

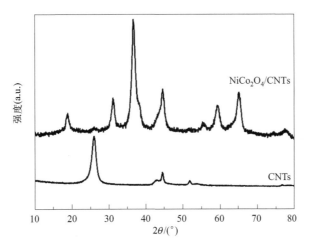

图 5.4　商品化的 CNTs 和在 300℃获得样品的 XRD 谱图

5.3.3　红外光谱结构分析

图 5.5 为前驱体和 300℃煅烧所得样品的 FT-IR 谱图。KBr（分析纯）作为对比 [图 5.5（a）]。由图可知，所有的样品在 3036 ~ 3678cm^{-1} 和 1560 ~ 1763cm^{-1} 很宽的波数范围内均有峰，表明样品含有吸附水，其中一部分来自于 KBr [图 5.5（a）]，一部分来自样品。相比于其他样品，前驱体在 1595 cm^{-1} 处的吸收峰明显右移（小波数方向），表明前驱体（不含 CNTs）中还含有一些自由水。在所有样品中，水吸收峰的位置都存在一些差异，尤其是前驱体，原因：除了吸附水、自由水外，还有柠檬酸根、铵根以及残存乙二醇乙醚中—OH 的伸缩振动吸收峰。实际上，在试

验中也发现，由于柠檬酸根极易吸附水，所以喷雾干燥获得的前驱体在空气中极易吸潮、溶解，很难表征，后来大量制备前驱体时，都是经过250℃烘干、破坏柠檬酸根后进行保存、待用。在前驱体中，除了水的吸收峰外，$1588cm^{-1}$ 和 $1400cm^{-1}$ 处为柠檬酸盐中羧基的特征吸收峰，其中羟基面内弯曲峰和铵根的 NH 吸收峰与 $1400cm^{-1}$ 处的峰重合，$1256cm^{-1}$ 和 $1121\ cm^{-1}$ 处为乙二醇乙醚中 C—O—C 键的伸缩振动吸收峰。300℃煅烧后在 $1256cm^{-1}$ 和 $1121cm^{-1}$ 处的吸收峰已经消失，证明醚已经去除，而 $1400cm^{-1}$ 处峰的存在则表明，在微球孔道内仍有部分化学吸附的 O—H 或 N—H 存在。在 $700\sim400cm^{-1}$ 有两个吸收谱带，$550cm^{-1}$ 左右对应的是 Ni—O 键的振动频率，而 $650cm^{-1}$ 左右对应的是 Co—O 键的振动频率，证明生成了尖晶石结构的 NiCo₂O₄。

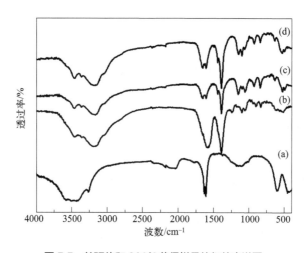

图 5.5　前驱体和 300℃获得样品的红外光谱图

（a）KBr；（b）前驱体；（c）和（d）为 300℃获得的 NiCo₂O₄ 和 NiCo₂O₄/CNTs（CNTs=10%）样品

5.3.4　显微结构分析

图 5.6 为有无 CNTs 前驱体的 FESEM 照片。由图可知，两者均呈球

形，但无 CNTs 的前驱体 [图 5.6（a）] 表面光滑、球形度好，颗粒尺寸在
1 ～ 5μm 之间，而引入 CNTs 的样品 [图 5.6（b）] 表面粗糙、球形度略差，
颗粒尺寸范围更窄，为 1 ～ 3μm，由于 CNTs 长度较长，一部分 CNTs 嵌
入颗粒内部，一部分则附于颗粒表面或伸向颗粒外（见圆圈标记）。CNTs
在前驱体中的分布状态应该和 CNTs 的长度有关。

图 5.6　前驱体的 FESEM 照片
（a）无 CNTs；（b）10% CNTs

　　图 5.7 为在 300℃下获得的具有不同 CNTs 含量样品的 FESEM 照片。
与前驱体相比，300℃煅烧所得样品的颗粒减小，在 0.5 ～ 1.5μm 之间，
这主要归因于前驱体分解，合成 $NiCo_2O_4$ 而使体积收缩。引入 CNTs 的样
品形貌几乎没有区别，都呈球形，表面都存在凹坑，一部分 CNTs 位于球
形颗粒外，表面孔隙不如无 CNTs 的明显 [图 5.7（a）]。但从少数破碎球
体的断口来看 [见嵌入图 5.7（a）、（c）中的断口图]，微球是由大量尺
寸约为 30nm 的 $NiCo_2O_4$ 纳米晶堆积而成，晶粒间存在空隙。因此，合成
的 $NiCo_2O_4$/CNTs 是具有微 - 纳结构的多孔微球，这对提高材料的电化学
性能是有利的。
　　为了进一步确认 $NiCo_2O_4$/CNTs 微球的微观结构和组成，用 TEM
和 SAED 对材料进行了表征。图 5.8 为单相 $NiCo_2O_4$ 微球的 TEM 和
SADES 照片。由 TEM 图 [图 5.8（a）、（b）和（c）] 可以清晰地看出，
在 $NiCo_2O_4$ 微球中存在空白点，表明颗粒内部含有大量纳米气孔。SAED

衍射花样［图 5.8（d）］明显是多晶衍射环，表明合成的 $NiCo_2O_4$ 是多晶的。通过尖晶石型 $NiCo_2O_4$ 立方晶系的 Fd-3m 空间群的指数和 Digital micrograph 软件，（311）、（400）和（440）晶面在图中分别被标记。

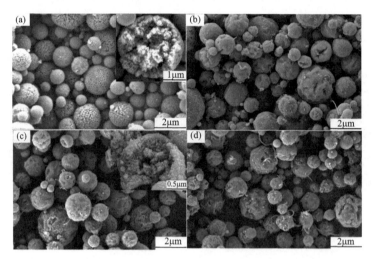

图 5.7　在 300℃获得的具有不同 CNTs 含量的样品的 FESEM 照片

（a）无 CNTs；（b）5%；（c）10%；（d）20%

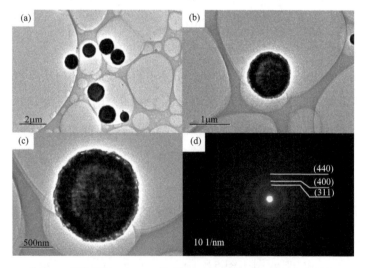

图 5.8　煅烧所得 $NiCo_2O_4$ 微球的 TEM 照片和选区电子衍射花样

（a）、（b）和（c）为不同放大倍数图；（d）SAED 图

　　图 5.9 为 CNTs 和 NiCo$_2$O$_4$/CNTs（CNTs 含量为 10%）的 TEM 照片以及复合材料的 SAED 花样。由图可以清楚地看出，购买的 CNTs 为多层壁碳纳米管［图 5.9（a）］，NiCo$_2$O$_4$/CNTs 纳米复合材料基本呈球形，多晶，存在大量纳米气孔，CNTs 一部分处于微球外，一部分位于微球内，表明成功地合成了具有微 - 纳结构的多孔 NiCo$_2$O$_4$/CNTs 纳米复合材料，这与 FESEM 的结果是一致的。

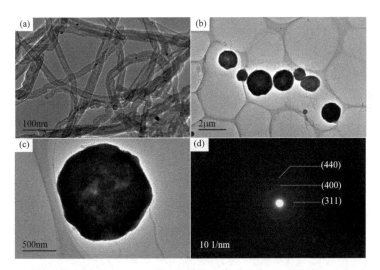

图 5.9　CNTs 和 NiCo$_2$O$_4$/CNTs（CNTs 含量为 10%）纳米复合材料的 TEM 照片以及复合材料选区电子衍射花样

（a）CNTs；（b）和（c）NiCo$_2$O$_4$/CNTs；（d）SAED 图

　　结合 FESEM 和 TEM 显微结构照片，NiCo$_2$O$_4$ 和 NiCo$_2$O$_4$/CNTs 纳米复合材料孔的形成原因在于：在煅烧过程中，前驱体中所含的水分蒸发，残余的醋酸根、柠檬酸根燃烧变成气体逸出，使致密的球体产生空隙，达到一定温度后 NiCo$_2$O$_4$ 纳米晶开始成核，随着温度升高和保温时间的延长，大量的纳米晶在球内缓慢聚合生长，最后堆积成一个具有微 - 纳多孔结构的微球。微球内形成的孔能够存储电解质和加速电解质及电极材料之间的离子交换，有利于提高材料的电化学性能。

5.3.5　能谱分析

图 5.10 为 $NiCo_2O_4$ 和 $NiCo_2O_4/CNTs$（CNTs 含量为 10%）的电子能谱图。从图中可以看出，除了具有 Co、Ni、O 的能谱峰，还有 C 的能谱峰。对于单相 $NiCo_2O_4$ 来说，其 XRD 图（图 5.3）中并没有发现 C 的衍射峰，表明 C 是以无定形状态存在于微球内。C 的存在应该是柠檬酸根在煅烧过程中不完全燃烧生成的，它可以增加材料的导电性，对材料的电化学性能有积极的影响。进而推之，$NiCo_2O_4/CNTs$ 中应该存在无定形 C 和 CNTs。镍和钴的原子物质的量比约为 1 : 2.05，基本与 $NiCo_2O_4$ 分子式的比例相符。

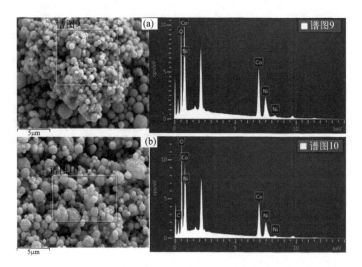

图 5.10　$NiCo_2O_4$ 和 $NiCo_2O_4/CNTs$（CNTs 含量为 10%）的电子能谱图
（a）$NiCo_2O_4$；（b）$NiCo_2O_4/CNTs$

5.3.6　孔径与比表面积分析

图 5.11 为不同 CNTs 含量时，300℃所得样品的 N_2 吸脱附等温曲线。

从图 5.11（a）可以看出，所有样品的 N$_2$ 吸脱附曲线都属于 Ⅳ 型，曲线上明显存在吸脱附回滞环，表明在较低压力下表现出介孔结构特征。这从图 5.11（b）的 BJH 曲线可以证实，孔径在 3 ~ 30nm 之间。五个样品的 BET 和平均孔径如表 5.1 所示。从表中可以看出，当 CNTs 含量为 10% 和 15% 时，比表面积较大，CNTs 多加或少加都会使比表面积减小，这是因为 CNTs 的引入会明显改变微球的表面形貌和孔径尺寸，会影响比表面积，另外，CNTs 比表面积大（> 110m^2/g），引入较多时，相比于单相 NiCo$_2$O$_4$，比表面积会增大；而从平均孔径来看，除了未加入 CNTs 的样品孔径略大外，具有不同 CNTs 含量的样品的平均孔径基本相同。一般情况下，大的比表面积为离子以及电子的传导提供更多的接触位点，从而提高 NiCo$_2$O$_4$ 电极材料的电导率。

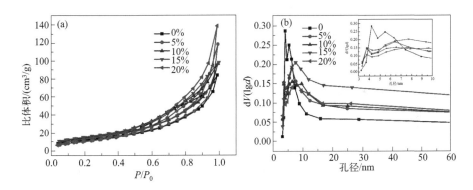

图 5.11　不同 CNTs 含量的 NiCo$_2$O$_4$/CNTs 复合材料的 N$_2$ 吸脱附等温曲线
（a）比表面积（BET）；（b）孔径分布（BJH）

表 5.1　不同 CNTs 含量的样品的 BET 和 BJH 值

CNTs 含量 /%	0	5	10	15	20
BET/（m^2/g）	42.17	41.80	51.48	53.80	50.54
孔径（BJH）/ nm	4.23	3.80	3.78	3.79	3.79

5.4 不同 CNTs 含量的 NiCo$_2$O$_4$/CNTs 纳米复合材料的电化学性能分析

图 5.12 为不同 CNTs 含量的 NiCo$_2$O$_4$/CNTs 纳米复合材料的电化学性能曲线。图 5.12（a）为在扫描速率为 10 mV/s 下的循环伏安曲线。由图可知，在 0 ～ 0.5V 电压范围内，除了处理后的泡沫镍外，所有的样品均出现明显的氧化还原峰，峰值越大，表明材料的交换电流密度越大，对应的 Ni^{2+}/Ni^{3+} 和 Co^{2+}/Co^{3+} 的两相反应越强；曲线围成的面积越大，表明材料本身储存电荷的能力越强；从图中可明显看出，当 CNTs 含量为 10% 时，样品所围成的面积明显大于其他样品，表明此条件下获得的材料比电容最大。当引入 CNTs 较少时，氧化峰存在明显的双峰，对应式（2-21）的氧化反应，表明相对少量的 CNTs，对于充电氧化是有利的。图 5.12（b）为电流密度为 1A/g 时的恒流充放电曲线。在不考虑氧化双峰的情况下，所有样品均具有较好的对称性，并且在 0.2 ～ 0.45V 范围内都有稳定的放电电压平台。根据式（2-20）计算比容量，其结果如图 5.12（c）所示，当 CNTs 含量为 0、5%、10%、15% 和 20% 时，比电容分别为 428F/g、336.7F/g、664.7F/g、424.7F/g 和 237.8F/g，当 CNTs 为 10% 时，比电容最大，这与 CV 测试结果是一致的。相对于单相 NiCo$_2$O$_4$，CNTs 引入过少或过多均不利于 NiCo$_2$O$_4$/CNTs 纳米复合材料电化学性能的提高。图 5.12（d）为交流阻抗谱。由图可以看出，引入 CNTs 后，低 - 中频区的半圆直径明显变小，表明 R_{ct} 阻抗小，表明 CNTs 的引入减小了电阻率，有利于电荷转移；从位于中频区的 R_s 来看，单相 NiCo$_2$O$_4$ 和 CNTs 含量为 10% 的 NiCo$_2$O$_4$/CNTs 纳米复合材料的测试系统阻抗最小，有利于氧化还原反应的进行；从在低频区的直线的斜率对比，CNTs 含量为 10% 的复合材料的斜率最大，表明材料的 Warburg 阻抗 Z_w 最小，有利于电解质 OH$^-$ 的扩散传输。

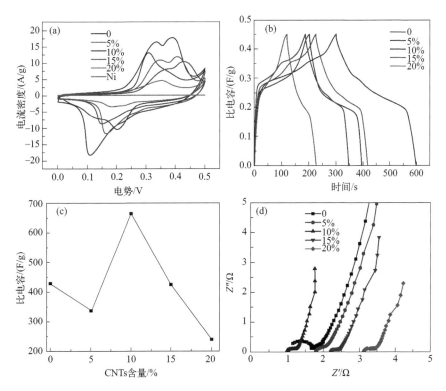

图 5.12　不同 CNTs 含量的 NiCo$_2$O$_4$/CNTs 复合电极材料的电化学性能

（a）扫描速率为 10mV/s 时的循环伏安曲线；（b）电流密度为 1A/g 时的恒流充放电曲线；
（c）计算所得的比电容；（d）交流阻抗谱图

　　综合来看，CNTs 含量为 10% 的 NiCo$_2$O$_4$/CNTs 纳米复合材料的电化学性能最好。原因在于：相对于合成单相 NiCo$_2$O$_4$，引入 CNTs 较少时，喷雾溶液的性质发生了改变，导致合成微球的孔径和形貌都有明显的差别，孔径变小，数量减少，引入的 CNTs 不足以弥补带来的孔损失；引入 CNTs 较多时，由于 CNTs 的比电容相对较小（49 ～ 102F/g）[179]，当其占比较大时，会使比电容快速减小，从而不利于电化学性能的提高。只有引入的 CNTs 在一个适当的范围，复合材料才能同时具有较好的电导率，较丰富的孔道结构，复合材料才能充分发挥两者的协同作用。

5.5 NiCo$_2$O$_4$ 和最佳纳米复合材料（CNTs 含量为 10%）的电化学性能对比研究

5.5.1 不同扫描速率的影响

图 5.13 为在不同扫描速率下，单相 NiCo$_2$O$_4$ 和 NiCo$_2$O$_4$/CNTs 复合材料的循环伏安曲线。由图可以看出，随着扫描速率的增加，氧化峰右移，还原峰左移，闭合面积增大，这是由于扫描速率增加而使充放电滞后导致的；在扫描速率范围内，都具有良好的对称性，表明材料具有良好的充放电和倍率特性。从两图对比来看，随着扫描速率的增加，NiCo$_2$O$_4$/CNTs 复合材料氧化还原峰往两侧移动更快，以至于扫描速率超过 40mV/s 时，在 0 ~ 0.5V 的电压范围内的 CV 曲线上不能出现明显的氧化还原峰，而需要更大的电压范围，这种现象的产生应与 CNTs 的引入有关。在高扫描速率下，在可见的范围内，CV 曲线更接近矩形，表现为 CNTs 的电容特性，这是因为 CNTs 的导电性要比 NiCo$_2$O$_4$ 好很多，充放电更容易进行。

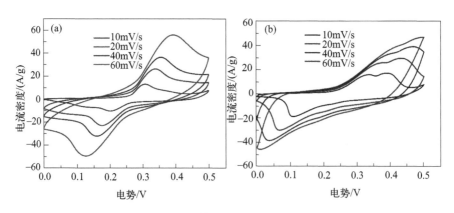

图 5.13 不同扫描速率下材料的循环伏安曲线

（a）NiCo$_2$O$_4$；（b）NiCo$_2$O$_4$/CNTs

5.5.2　不同电流密度的影响

图 5.14 为在不同电流密度下，单相 NiCo₂O₄ 和 NiCo₂O₄/CNTs 复合材料的恒流充放电曲线。由图可知，GCD 曲线较好的对称性，表明两种材料均具有良好的充放电性能（即氧化还原反应）；在相同的电流密度下，与单相 NiCo₂O₄ 的 GCD 相比，复合材料具有更长的放电时间，表明其具有更大的比电容。单相 NiCo₂O₄ 在 1A/g、2A/g、4A/g、6A/g、8A/g 和 10A/g 下，根据式（2-20）计算所得的比电容分别为 428F/g、412.9F/g、378.6F/g、358.7F/g、336F/g 和 317.8F/g，在 10A/g 下，容量的倍率为 74.3%，计算的比电容和倍率结果如图 5.15（a）所示。而 NiCo₂O₄/CNTs 复合材料在 1A/g、2A/g、4A/g、6A/g、8A/g 和 10A/g 下，计算所得的比电容分别为 660.2F/g、658.2F/g、652.4F/g、629.3F/g、615.1F/g 和 600F/g，在 10A/g 下，容量的倍率为 90.9%，计算的比电容和倍率结果如图 5.15（b）所示。根据计算结果可知，在 NiCo₂O₄ 基体中引入 CNTs，比电容和倍率性能大幅提高，在 1 A/g 和 10A/g 下，比电容分别提高 54.3% 和 88.8%，表明复合材料在高电流密度下具有更出色的电化学性能。

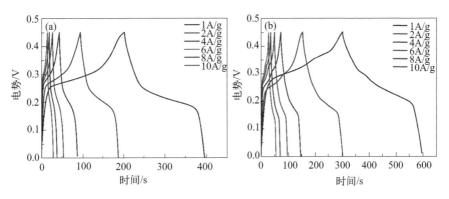

图 5.14　不同电流密度下材料的恒流充放电曲线

（a）NiCo₂O₄；（b）NiCo₂O₄/CNTs

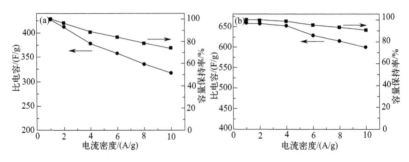

图 5.15 不同电流密度下材料的比电容和倍率曲线

（a）NiCo$_2$O$_4$；（b）NiCo$_2$O$_4$/CNTs

5.5.3 交流阻抗谱对比分析

图 5.16 为单相 NiCo$_2$O$_4$ 和 NiCo$_2$O$_4$/CNTs 复合材料的交流阻抗谱拟合曲线。由图可知，两种材料用 ZSimDemo 拟合的等效电路相同，相应元件参数值列于表 5.2。结合图和表中的结果，两种材料的电化学测试系统电阻 R_s 基本相同，而复合材料的电荷转移电阻 R_{ct} 和 Warburg 阻抗 Z_w 要比单相 NiCo$_2$O$_4$ 的小很多，表明 CNTs 的适量引入，增加了导电性，减小了电荷转移的阻力，同时提高了 OH$^-$ 的扩散和转移速率。NiCo$_2$O$_4$/CNTs 复合材料的 R_{ct} 和 Warburg 阻抗 $Z_w[Z_w=1/Y_0(j\omega)^{-1/2}]$ 减小，有利于提高比电容和容量保持率，这与图 5.14 和图 5.15 的结果是一致的。这表明在 NiCo$_2$O$_4$ 中适当引入 CNTs，材料的电化学性能显著改善，协同作用明显。

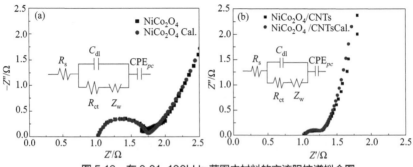

图 5.16 在 0.01~100kHz 范围内材料的交流阻抗谱拟合图

（a）NiCo$_2$O$_4$；（b）NiCo$_2$O$_4$/CNTs

这归因于 NiCo$_2$O$_4$/CNTs 材料的电导率增加，有效活性位点增多，电解质中 OH$^-$ 的扩散速率加快。

表 5.2　NiCo$_2$O$_4$ 和 NiCo$_2$O$_4$/CNTs 的数值拟合等效电路参数

材料	R_s/Ω	R_{ct}/Ω	$Y_0/s^{1/2}$	$C_{dl}/10^4F$	CPEpc/F
NiCo$_2$O$_4$	1.006	0.705	0.124	0.043	0.021
NiCo$_2$O$_4$/CNTs	1.003	0.200	0.493	8.76	0.066

5.5.4　循环寿命对比分析

图 5.17 为在电流密度为 4A/g 下，单相 NiCo$_2$O$_4$ 和 NiCo$_2$O$_4$/CNTs 复合材料的循环寿命曲线。由图可知，随着充放电循环次数的增加，单相 NiCo$_2$O$_4$ [图 5.17（a）] 材料的比电容缓慢增加，当循环 2300 次后趋于平稳，而复合材料 [图 5.17（b）] 则在充放电循环 1000 次前，比电容增加较快，而后随着循环次数的增加，基本不变。很显然，引入 CNTs 后，材料的活化时间和达到稳定比电容的时间更短，比电容更大。原因可以用图 5.18 来解释：相比于单相 NiCo$_2$O$_4$，引入 CNTs 后，电解质的 OH$^-$ 扩散到微球内部中心的距离明显缩短，相应的时间也变短，单位时间内 OH$^-$ 与 NiCo$_2$O$_4$ 发生法拉第氧化还原反应 [式（2-21）和式（2-22）] 的点数增多，产生的电子增加，由于 CNTs 优异的导电性，CNTs 周围产生的电子沿其管壁迅速转移，这要比单相 NiCo$_2$O$_4$ 反应产生的电子沿颗粒界面迁移到达集流体的时间快得多，故加入 CNTs 后，电极材料的活化时间和相对稳定的时间变短。此外，对比嵌入图 5.17 中的部分循环曲线可以明显看出，充电平台电位提高，接近 0.25V，而且达到充电平台起始电压的时间更短，表明引入 CNTs 后，充电时间更快，有利于大电流充电，符合 CNTs 双电层电容器快充快放的特性，因而复合材料的初始比电容更大。由图还可以看出，充放电循环 3000 次后，复合材料的容量保持率为 151.6%，这比单相 NiCo$_2$O$_4$ 的 140.0% 要高。

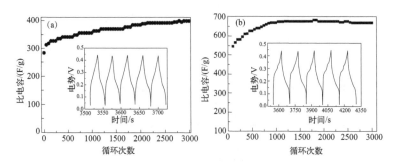

图 5.17 在电流密度为 4A/g 下，材料的循环寿命曲线

（a）NiCo₂O₄；（b）NiCo₂O₄/CNTs

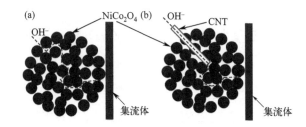

图 5.18 OH⁻ 在微球内的扩散传输路径示意图（以某一截面为例）

（a）NiCo₂O₄；（b）NiCo₂O₄/CNTs

5.6 组装成非对称超级电容器的电化学性能对比分析

为了考察多孔 NiCo₂O₄/CNTs 纳米复合电极材料在实际应用中的可能性，以多孔 NiCo₂O₄/CNTs（CNTs 含量为 10%）纳米复合材料作为正极，活性炭（AC）作为负极，组装 NiCo₂O₄/CNTs//AC 非对称超级电容器元件，电解液为 2mol/L KOH 溶液。图 5.19 为在 10 mV/s 扫描速率和三电极系统下，正、负极材料的循环伏安曲线。结合图和式（4-1），可以计算出两种材料的正、负极的质量比分别为 0.58∶1 和 0.38∶1。从图可以看出，在 −1.0～0V 的电压窗口内，AC 的 CV 曲线接近矩形，且无氧化还原峰，是一个典型的双电层电容器的特征，而在 0～0.5V 的电压范围内，单相 NiCo₂O₄ 和 NiCo₂O₄/CNTs 纳米复合电极的 CV 曲线呈现明显的氧化还原峰，为赝电容特征。因此，非对称超级电容器的窗口操作电压提高到 1.5 V，达

到了扩大电压窗口的目的，理论上可以得到较高的功率。

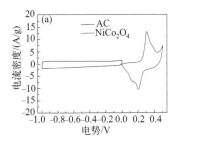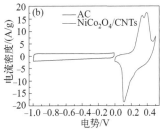

图 5.19 在 10mV/s 扫描速率和三电极系统下，正、负极材料的循环伏安曲线
（a）NiCo₂O₄；（b）NiCo₂O₄/CNTs

5.6.1 不同扫描速率的影响

图 5.20 为不同扫描速率下，ASC 装置的循环伏安曲线。由图可知，随着扫描速率的增加，两种材料的 ASC 装置的响应电流增加，但 CV 曲线对称性保持较好，表明具有较好的电容性能和氧化还原反应动力学性能。与单相 NiCo₂O₄ 的 ASC 装置相比，在 $0 \sim 1V$ 电压范围内，充电过程中，尤其在高扫描速率下，复合材料响应电流增加迅速，表明 CNTs 的引入，使材料具有更好的反应动力学性能；在相同扫描速率下，复合材料 CV 闭合曲线面积明显大于单相材料，表明复合材料具有更大的比电容。

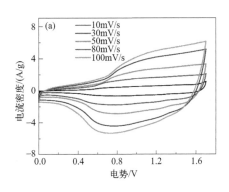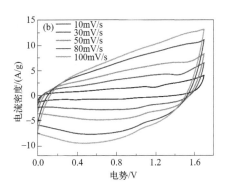

图 5.20 不同扫描速率下，ASC 装置的循环伏安曲线
（a）NiCo₂O₄；（b）NiCo₂O₄/CNTs

5.6.2 不同电流密度的影响

图 5.21 为在不同电流密度下，ASC 装置的恒流充放电曲线。由图可知，在相同的电流密度下，复合材料具有更长的放电时间，表明其具有更大的比电容。单相 NiCo₂O₄ 组装的 ASC 装置在 2A/g、4A/g、6A/g、8A/g 和 10A/g 下，根据式（2-20）计算所得的比电容分别为 34.6F/g、30.8F/g、27.4F/g、24.0F/g 和 20.6F/g，在 10 A/g 下，容量的倍率为 59.6%，计算的比电容和倍率结果如图 5.22（a）所示；而 NiCo₂O₄/CNTs 复合材料在 2A/g、4A/g、6A/g、8A/g 和 10A/g 下，计算所得的比电容分别为 58.1F/g、54.3F/g、51F/g、46.5F/g 和 41.9F/g，在 10A/g 下，容量的倍率为 72.1%，计算的

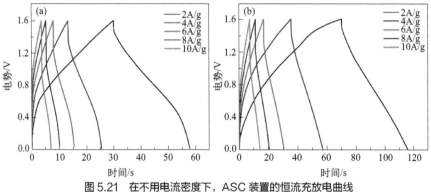

图 5.21　在不用电流密度下，ASC 装置的恒流充放电曲线

（a）NiCo₂O₄；（b）NiCo₂O₄/CNTs

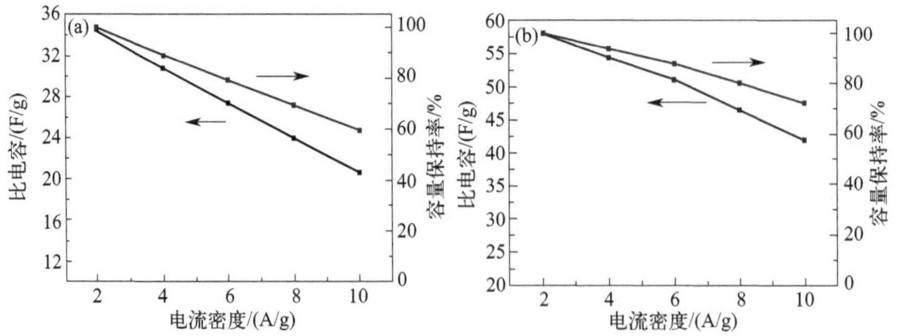

图 5.22　在不同电流密度下，ASC 装置的比电容和倍率曲线

（a）NiCo₂O₄；（b）NiCo₂O₄/CNTs

比电容和倍率结果如图 5.22（b）所示。根据计算结果可知，以复合材料为正极的 ASC 装置，比电容和倍率性能大幅提高，在 2 A/g 和 10 A/g 下，比电容分别提高 67.9% 和 103.4%，表明复合材料在高电流密度下具有更出色的电化学性能，这与单电极在三电极下测试得到的规律是一致的。

5.6.3　能量密度和功率密度对比分析

图 5.23 为 ASC 装置的能量密度和功率密度关系曲线。由图可知，随着功率密度的增大，能量密度基本呈线性减小；在相同功率密度下，以多孔 NiCo$_2$O$_4$/CNTs 纳米复合材料为正极的 ASC 装置的能量密度均远大于以单相 NiCo$_2$O$_4$ 为正极的。根据式（2-20）和式（2-21）计算，在功率密度为 1.6 kW/kg 时，NiCo$_2$O$_4$//AC［图 5.22（a）］和 NiCo$_2$O$_4$/CNTs//AC［图 5.22（b）］装置的能量密度分别为 12.3W·h/kg 和 20.7W·h/kg；在功率密度为 8kW/kg 时分别为 7.3W·h/kg 和 14.9W·h/kg，相应功率密度下的能量密度提高了 68.3% 和 104.1%。NiCo$_2$O$_4$//AC 的能量密度和功率密度仅比一些传统材料的高，如 GO/CoAl-LDH（在 P 为 1.5kW/kg 时，E 为 6W·h/kg）[180]，GF/CNTs/MnO$_2$//GF/CNTs/Ppy（在 P 为 2.7kW/kg 时，E 为 6.2W·h/kg）[181]，Cu/CuO$_x$@NiCo$_2$O$_4$//AC（在 P 为 0.34 kW/kg 时，E 为 12.6W·h/kg）[168]，Graphene（在 P 为 5.8kW/kg 时，E 为 2.6W·h/kg）[182] 和 MnO$_x$/GH//AC（在 P 为 4kW/kg 时，E 为 9.8W·h/kg）[183]。而引入 CNTs 后，NiCo$_2$O$_4$/CNTs//AC 装置的能量密度和功率密度要比很多以前研究的 NiCo$_2$O$_4$ 基电极材料的要高 [51, 159, 167-170]（见第三章）。与第三章、第四章的结果相比，NiCo$_2$O$_4$/CNTs//AC 的能量密度和功率密度要大些，表明不同制备方法，引入第二相的不同，所得多孔纳米复合材料的性能也是有差别的。因此，合适的工业化制备方法、合理的形貌和组织调控、优化的材料组成、结构设计以及合理的成本控制对于下一代超级电容器材料的制备与应用都是至关重要的。

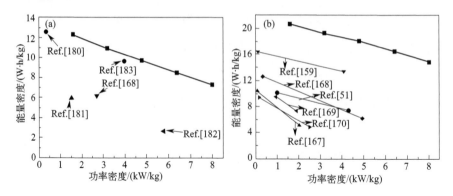

图 5.23　ASC 装置的功率密度与能量密度关系曲线

（a）NiCo₂O₄；（b）NiCo₂O₄/CNTs

5.6.4　循环寿命对比分析

图 5.24 为在电流密度为 4 A/g 下，ASC 装置的循环寿命曲线。由图可以看出，两个 ASC 装置的容量在最初的循环中有明显的上升，且在循环 5000 次后达到最大。从图 5.24（b）的循环寿命曲线来看，引入 CNTs 后并没有改变以 NiCo₂O₄ 为主的材料结构特征，在充放电循环过程中，电解液经介孔逐渐进入材料内部，使活性物质逐渐活化。循环 12000 次后，相对于初始容量（27.5F/g 和 49.5F/g），以 NiCo₂O₄ 和 NiCo₂O₄/CNTs 为正极的 ASC 装置容量保持率分别为 127.3% 和 116.2%，均超过 100%，表明两种材料为正极的 ASC 装置都具有非常优异的循环稳定性。这要比以前的很多研究（容量保持率在 80% ～ 98% 之间）要好得多 [167-170，181-183]。因此，本章制备的多孔电极材料可以用于下一代超级电容器的电极。

总之，相比于单相 NiCo₂O₄ 和一些文献报道的结果，适量引入 CNTs，材料的电化学性能显著提高。原因有以下几点：①由纳米晶组装而成的具有微 - 纳结构的多孔材料可以提高电解质的转移和扩散速率，缓冲充放电循环产生的晶格应力使材料结构保持稳定，这有利于循环寿命、倍率性能和容量保持率的提高；②CNTs 的引入和小的晶粒尺寸减小了材料的电阻率，增加了比表面积，提高电极表面电荷转移速率和电解质中 OH$^-$ 的扩散传输路径及速度，增加活性物质反应点，有利于氧化还原反应的进行，提高了比电容和倍率性能；③ CNTs 的多孔结构，丰富了复合电极材料的孔道结构，缩短了电极活化时间，可在高倍率下充放电；④适量 CNTs 的引入，可使材料发挥各自的优势，取长补短，协同增效作用明显。

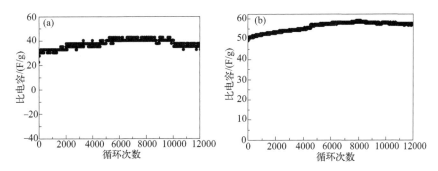

图 5.24 在电流密度为 4 A/g 下，ASC 装置的循环寿命曲线

（a）NiCo$_2$O$_4$；（b）NiCo$_2$O$_4$/CNTs

本章小结

① TG-DTA、XRD、FT-IR 和 SAED 测试表明：在 300°C，喷雾干燥的 NiCo$_2$O$_4$ 前驱体从无定形转变成尖晶石型相 NiCo$_2$O$_4$；所得 NiCo$_2$O$_4$ 样品是由大量平均尺寸约为 30 nm 的晶粒聚合而成的具有微-纳结构的多孔 NiCo$_2$O$_4$ 微球；引入 CNTs 后，球形度变差，长的 CNTs 其中一部分位于微球内，一部分位于微球外；当 CNTs 含量在 10% ~ 20% 之间时，比表面积增大，平均孔径变小，这主要贡献于具有较大比表面积的 CNTs 的引入以及相对丰富的孔道结构。

② 不同 CNTs 含量，对多孔 NiCo$_2$O$_4$/CNTs 纳米复合微球的电化学性能有很大的影响。电化学测试结果表明：当 CNTs 含量为 10% 时，在电流密度为 1 A/g 时，所得的复合材料具有最高的比电容，为 664.7F/g，相比于单相 NiCo$_2$O$_4$ 的 428F/g 有很大的提高。这主要归因于适量 CNTs 的

引入，使多孔 NiCo$_2$O$_4$/CNTs 纳米复合材料具有相对更大的比表面积和低的电阻率，有利于电荷和电解质的快速转移。

③ 由单相 NiCo$_2$O$_4$ 和 NiCo$_2$O$_4$/CNTs 复合材料（最佳样品：CNTs 含量为 10%）电化学性能对比分析可知，随着电流密度的增加，两种材料的比电容均下降，在电流密度为 1A/g 和 10A/g 下，单相 NiCo$_2$O$_4$ 的比电容分别为 428F/g 和 317.8F/g，容量保持率为 74.3%；而 NiCo$_2$O$_4$/CNTs 复合材料的比电容分别 660.2F/g 和 600F/g，容量保持率为 90.9%；在电流密度为 4A/g 下充放电循环 3000 次后，容量保持量分别达到 140.0% 和 151.6%。很显然，NiCo$_2$O$_4$/CNTs 复合材料的比电容、倍率性能和循环稳定性都更优异，协同增效明显。

④ 以单相 NiCo$_2$O$_4$ 和 NiCo$_2$O$_4$/CNTs 复合材料为正极，活性炭（AC）为负极，2mol/L KOH 溶液为电解液，组装成非对称超级电容装置。经电化学测试表明，在电流密度为 2A/g 和 10A/g 时，NiCo$_2$O$_4$//AC 和 NiCo$_2$O$_4$/CNTs//AC 的比电容分别为 34.6F/g、20.6F/g 和 58.1F/g、41.9F/g，比电容分别提高 67.9% 和 103.4%；在功率密度为 1.6kW/kg 时，最大能量密度分别为 12.3W·h/kg 和 20.7W·h/kg，比 NiCo$_2$O$_4$//AC 装置提高了 68.3%；在 4 A/g 的电流密度下，两个装置充放电循环 12000 次后，容量保持率均超过 100%，具有非常优异的循环稳定性。

⑤ 相比于单相 NiCo$_2$O$_4$ 和一些文献报道的结果，适量引入 CNTs，材料的电化学性能显著提高。原因有以下几点：由纳米晶组装而成的具有微-纳结构的多孔材料可以提高电解质的转移和扩散速率，缓冲充放电循环产生的晶格应力使材料结构保持稳定，这有利于循环寿命、倍率性能和容量保持率的提高；CNTs 的引入和小的晶粒尺寸减小了材料的电阻率，增加了比表面积，提高电极表面电荷转移速率和活性物质反应点，有利于氧化还原反应的进行，提高了比电容和倍率性能；CNTs 的多孔结构，丰富了复合电极材料的孔道结构，缩短了电极活化时间，有利于高倍率充放电和循环寿命的提高；适量 CNTs 的引入，可使材料发挥各自的优势，取长补短，协同增效作用明显。

参考文献

[1] Sharma P，Bhatti T S.A review on electrochemical double layer capacitors[J].Energy Convers.Manage.，2010，51（12）：2901-2912.

[2] Conway B E.Transition from "supercapacitor" to "battery" behavior in electrochemical energy storage [J].J.Electrochem.Soc.，1991，138：1-8.

[3] Whittingham M S.Materials challenges facing electrical energy storage [J].MRS Bull.，2008，33（04）：411-419.

[4] Tarascon J M，Armand M.Issues and challenges facing rechargeable lithium batteries [J].Nature，2001，414：359-367.

[5] 吴宇平，万春荣，姜长印，等．锂离子二次电池 [M].北京：化学工业出版社，2002.

[6] 张浩，曹高萍，杨裕生，等．电化学双电层电容器用新型炭材料及其应用前景 [J]．化学进展，2008，20（10）：1495-1500.

[7] Conway B E．电化学超级电容器科学原理及技术应用 [M].陈艾，吴孟强，张绪礼，译．北京：化学工业出版社，2005.

[8] Zhang Y，Feng H，Wu X.Progress of electrochemical capacitor electrode materials：a review [J].Inter.J.Hydrogen Energy，2009，34（11）：4889-4899.

[9] Yang Z B，Ren J，Zhang Z．Recent advancement of nanostructured carbon for energy applications [J].Chem.Rev.，2015，115（11）：5159-5223.

[10] Deng W，Liu Y，Zhang Y，Lu F，Chen Q，Ji X.Enhanced electrochemical capacitance of nanoporous NiO based on an egg shell membrane [J].RSC Adv.，2012，2（5）：1743-1745.

[11] Meher S K，Justin P，Rao G.R.Microwave-mediated synthesis for improved morphology and pseudocapacitance performance of nickel oxide [J].ACS Appl.Mater.& Interfaces，2011，3：2063-2073.

[12] 万厚钊，缪灵，徐葵，元同，江建军.MnO_2基超级电容器电极材料 [J].2013，24（3）：801-813.

[13] Huang Y，Li Y，Hu Z，Wei G，Guo J，Liu J.A carbon modified MnO_2 nanosheet array as a stable high-capacitance supercapacitor electrode [J].J.Mater.Chem.A，2013，1（34）：9809-9813.

[14] Chen L Y，Kang J L，Hou Y，Liu P，Fujita T，Hirata A，Chen M W.High-energy-density nonaqueous MnO_2@nanoporous gold based supercapacitors [J].J.Mater.Chem.A，2013，1（32）：9202-9207.

[15] Hou L，Yuan C，Yang L，Shen L，Zhang F，Zhang X.Urchin-like Co_3O_4 microspherical hierarchical superstructures constructed by one-dimension nanowires toward electrochemical capacitors [J].RSC Adv.，2011，1（8）：1521-1526.

[16] Xia X H，Tu J P，Wang X L，Gu C D，Zhao X B.Mesoporous Co_3O_4 monolayer hollow-sphere array as electrochemical pseudocapacitor material [J].Chem.Commun.，2011，47（20）：5786-5788.

[17] Meher S K，Rao G R.Effect of microwave on the nanowire morphology，optical，magnetic，and

pseudocapacitance behavior of Co_3O_4 [J].J.Phys.Chem.C，2011，115：25543-25556.

[18] Jiang H，Sun T，Li C，Ma J.Hierarchical porous nanostructures assembled from ultrathin MnO_2 nanoflakes with enhanced supercapacitive performances [J].J.Mater.Chem.，2012，22（6）：2751-2756.

[19] Singh R N，Pandey J P，Singh N K，Lal B，Chartier P，Koenig J F.Sol-gel derived spinel $M_xCo_{3-x}O_4$ （M=Ni，Cu;0 $\leqslant x \leqslant$ 1）films and oxygen evolution [J].Electrochim.Acta，2000，45（12）：1911-1919.

[20] Zou R，Xu K，Wang T，He G，Liu Q，Liu X.Chain-like $NiCo_2O_4$ nanowires with different exposed reactive planes for high-performance supercapacitors [J].J.Mater.Chem.A，2013，1（30）：8560-8566.

[21] Wang Q，Wang X，Liu B，Yu G，Hou X.$NiCo_2O_4$ nanowire arrays supported on Ni foam for high-performance flexible all-solid-state supercapacitors [J].J.Mater.Chem.A，2013，1（7）：2468-2473.

[22] Zhang G，Lou X W.General solution growth of mesoporous $NiCo_2O_4$ nanosheets on various conductive substrates as high-performance electrodes for supercapacitors [J].Adv. Mater.，2013，25：976-979.

[23] Wang T，Guo Y，Zhao B，Yu S.$NiCo_2O_4$ nanosheets in-situ grown on three dimensional porous Ni film current collectors as integrated electrodes for high-performance supercapacitors [J].J.Power Sources，2015，286：371-379.

[24] Wei T Y，Chen C H，Chien H C，Lu S Y，Hu C C.A cost-effective supercapacitor material of ultrahigh specific capacitances : spinel nickel cobaltite aerogels from an epoxide driven sol-gel process[J].Adv. Mater.，2010，22：347-351.

[25] Yuan C，Li J，Hou L，Lin J，Zhang X，Xiong S.Polymer-assisted synthesis of a 3D hierarchical porous network-like spined $NiCo_2O_4$ frame work toward high performance electrochemical capacitors [J]. J.Mater.Chem.A，2013，1（37）：11145-11151.

[26] Wang Y，Song Y，Xia Y.Electrochemical capacitors : mechanism，materials，systems，characterization and applications [J].Chem.Soc.Rev.，2016，45：5925-5950.

[27] Zhou C，Zhang Y，Li Y，Liu J.Construction of highcapacitance 3D CoO@polypyrrole nanowire array electrode for aqueous asymmetric supercapacitor [J].Nano Lett.，2013，13（5）：2078-2085.

[28] Wang L，Yu J，Dong X，Xie Y，Chen S，Li P，Hou H，Song Y.Three-dimensional macroporous carbon/Fe_3O_4-doped porous carbon nanorods for high-performance supercapacitor[J].ACS Sustain. Chem.& Eng.，2016，4（3）：1531-1537.

[29] 庄稼，迟艳华，王栋.表面活性剂对固相反应制备钴酸镍形貌影响的研究 [J].无机材料学报，2007，22（1）：40-44.

[30] Karmakar S，Varma S，Behera D.Investigation of structural and electrical transport properties of nano-flower shaped $NiCo_2O_4$ supercapacitor electrode materials [J].J.Alloys & Comp.，2018，757：49-59.

[31] 赵诗阳，邬冰，高颖.煅烧温度对制备钴酸镍超级电容器材料的影响 [J].化学工程师，2016，248（5）：13-15.

[32] Jiang H，Ma J，Li C.Hierarchical porous $NiCo_2O_4$ nanowires for high-rate supercapacitors [J] Chem. Commun.，2012，48：4465-4467.

[33] 武金珠，卢丹丹，张瑞，等.超级电容器 $NiCo_2O_4$ 材料的水热法合成及其电化学性能 [J].现代化工，

2016，36（2）：80-84.

[34] Padmanathan N，Selladurai S.Controlled growth of spinel $NiCo_2O_4$ nanostructures on carbon cloth as a superior electrode for supercapacitors [J].RSC Adv.，2014，4: 8341-8349.

[35] Wei Y，Chen S，Su D，Sun B，Zhu J，Wang G.3D mesoporous hybrid $NiCo_2O_4$@graphene nanoarchitectures as electrode materials for supercapacitors with enhanced performances [J].J.Mater. Chem.A，2014，2: 8103-8109.

[36] Wang Q，Liu B，Wang X，Ran S，Wang L，Chen D，Shen G.Morphology evolution of urchin-like $NiCo_2O_4$ nanostructures and their applications as psuedocapacitors and photo electrochemical cells [J]. J.Mater.Chem.，2012，22: 21647-21653.

[37] Li J F，Xiong S L，Liu Y R，Ju Z C，Qian Y T.High electrochemical performance of monodisperse $NiCo_2O_4$ mesoporous microspheres as an anode material for li-ion batteries [J].ACS Appl.Mater.& Interfaces，2013，5: 981-988.

[38] Tang Q，Zhou Y，Ma L，Gan M.Hemispherical flower-like N-doped porous carbon/$NiCo_2O_4$ hybrid electrode for supercapacitors [J].J.Solid State Chem.，2019，269: 175-183.

[39] Wu Y Q，Chen X Y，Ji P T，Zhou Q Q.Sol-gel approach for controllable synthesis and electrochemical properties of $NiCo_2O_4$ crystals as electrode materials for application in supercapacitors [J].Electrochim. Acta，2011，56: 7517-7522.

[40] 吴双，刘庆，闫庆龙，姜凤华，王介强.纳米 $NiCo_2O_4$ 的制备及其电化学性能 [J].硅酸盐学报，2017，45（4）：504-509.

[41] Shanmugavani A，KalaiSelvan R.Microwave assisted reflux synthesis of $NiCo_2O_4$/NiO composite : Fabrication of high performance asymmetric supercapacitor with Fe_2O_3 [J].Electrochim.Acta，2016，189: 283-294.

[42] Lei Y，Li J，Wang Y，Gu L，Chang Y，Yuan H，Xiao D.Rapid microwave-assisted green synthesis of 3D hierarchical flower-shaped $NiCo_2O_4$ microsphere for high-performance supercapacitor [J].ACS Appl. Mater.& Interfaces，2014，6: 1773-1780.

[43] Wang N，Sun B，Zhao P，Yao M，Hu W，Komarneni S.Electrodeposition preparation of NiCo2O4 mesoporous film on ultrafine nickel wire for flexible asymmetric supercapacitors [J].Chem.Eng.J.，2018，345: 31-38.

[44] Zhao N，Fan H，Zhang M，Ma J，Zhang W，Wang C，Li H.，Jiang X，Cao X.Investigating the large potential window of $NiCo_2O_4$ supercapacitors in neutral aqueous electrolyte [J].Electrochim.Acta，2019，321: 134681.

[45] Mirzaee M，Dehghanian C.Synthesis of flower-like $NiCo_2O_4$ via chronopotentiometric technique and its application as electrode materials for high-performance supercapacitors [J].Mater.Today Energy，2018，10: 68-80.

[46] Cui B，Lin H，Li J B，Li X，Yang J，Tao J.Core-ring structured $NiCo_2O_4$ nanoplatelets : synthesis，characterization，and electrocatalytic applications [J].Adv.Funct.Mater.，2008，18（9）：1440-1447.

[47] Jiang J，Liu J，Liu J，Huang X，Yuan C，Lou X W.Recent advances in metal oxide-based electrode

architecture design for electrochemical energy storage [J].Adv.Mater., 2012, 24: 5166-5180.

[48] Yuan Z Y, Zhang Z L, Du G H, Ren T Z, Su B L.A simple method to synthesis single-crystalline manganese oxide nanowires [J].Chem.Phys.Lett., 2003, 378: 349-353.

[49] Xia H, Feng J K, Wang H L, Lai M O, Lu L.MnO_2 nanotube and nanowire arrays by electrochemical deposition for supercapacitors [J].J.Power Sources, 2010, 195: 4410-4413.

[50] Liu X, Zhang X, Fu S.Preparation of urchinlike NiO nanostructures and their electrochemical capacitive behaviors [J].Mater.Res.Bull., 2006, 41: 620-627.

[51] Sethi M, Krishna Bhat D.Facile solvothermal synthesis and high supercapacitor performance of $NiCo_2O_4$ nanorods [J].J.Alloys & Comp., 2019, 781: 1013-1020.

[52] Zhang G Q, Wu H B, Hoster H E, Chan-Park M B, Lou X W (David).Single-crystalline $NiCo_2O_4$ nanoneedle arrays grown on conductive substrates as binder-free electrodes for high-performance supercapacitors [J].Energy Environ.Sci., 2012, 5: 9453–9456.

[53] 杜军.钴酸镍纳米结构材料的合成及电化学性能研究 [D].长沙:湖南大学,2014 年.

[54] Zeng Z, Zhu L, Han E, Xiao X, Yao Y, Sun L.Soft-templating and hydrothermal synthesis of $NiCo_2O_4$ nanomaterials on Ni foam for high-performance supercapacitors [J].Ionics, 2019, 25: 2791-2803.

[55] 张博文,于波,王道爱,等.超级电容器电极材料 MnO_2 纳米棒的制备及其电化学性能 [J]. 化学研究,2014,25(5):441-444.

[56] Sindhuja M, Padmapriya S, Sudha V, Harinipriya S.Phase specific α-MnO_2 synthesis by microbial fuel cell for supercapacitor applications with simultaneous power generation [J].Inter.J.Hydrogen Energy, 2019, 44(11): 5389-5398.

[57] Yang P H, Xiao X, Li Y Z, Ding Y, Qiang P F, Tan X H, Mai W J, Lin Z Y, Wu W Z, Li T Q, Jin H Y, Liu P Y, Zhou J, Wong C P, Wang Z L.Hydrogenated ZnO core-shellnanocables for flexible supercapacitors and self–power system [J].ACS Nano, 2013, 7: 2617-2626.

[58] Sheng S, Liu W, Zhu K, Cheng K, Yan J.Fe_3O_4 nanospheres in situ decorated graphene as high-performance anode for asymmetric supercapacitor with impressive energy density [J].J.Colloid & Interface Sci., 2019, 536: 235-244.

[59] Selvan R K, Perelshtein I, Perkas N, Gedanken A.Synthesis of hexagonal-shaped SnO_2 nanocrystals and SnO_2@C nanocomposites for electrochemical redox supercapacitors [J].J.Phys.Chem.C, 2008, 112: 1825-1830.

[60] Yan H, Li T, Qiu K, Lu Y, Cheng J, Liu Y, Xu J, Luo Y.Growth and electrochemical performance of porous $NiMn_2O_4$ nanosheets with high specific surface areas[J].J.Solid State Electrochem., 2015.19(10): 3169-3175.

[61] Xiao K, Xia L, Liu G, Wang S, Ding L X, Wang H.Honeycomb-like $NiMoO_4$ ultrathin nanosheet arrays for high-performance electrochemical energy storage [J].J.Mater.Chem.A, 2015, 3(11): 6128-6135.

[62] Long H, Liu T, Zeng W, Yang Y, Zhao S.$CoMoO_4$ nanosheets assembled 3D-frameworks for high-

performance energy storage [J].Ceram.Inter.，2018，44（2）: 2446-2452.

[63] Zheng J P，Cygan P J，Jow T R.Hydrous ruthenium oxide as an electrode material for electrochemical capacitors [J].J.Electrochem.Soc.，1995，142 : 2699-2703.

[64] Xu K，Li S，Yang J，Xu H.Hierarchical MnO_2 nanosheets on electrospun $NiCo_2O_4$ nanotubes as electrode materials for high rate capability and excellent cycling stability supercapacitors [J].J.Alloys & Comp.，2016，678 : 120-125.

[65] Yu L，Zhang G，Yuan C，Lou X W（David）.Hierarchical $NiCo_2O_4$@MnO_2 core–shell heterostructured nanowire arrays on Ni foam as high-performance supercapacitor electrodes [J].Chem.Commun.，2013，49: 137-139.

[66] Yang F，Zhang K，Li W，Xu K.Structure-designed synthesis of hierarchical $NiCo_2O_4$@NiO composites for high-performance supercapacitors [J].J.Colloid & Interface Sci.，2019，556: 386-391.

[67] Yao D，Ouyang Y，Jiao X，Ye H，Lei W，Xia X，Lu L，Hao Q.Hierarchical NiO@$NiCo_2O_4$ core-shell nanosheet arrays on ni foam for high-performance electrochemical supercapacitors [J].Ind.Eng. Chem.Res.，2018，57: 6246-6256.

[68] Chen D，Pang D，Zhang S，Song H，Zhu W，Zhu J.Synergistic coupling of $NiCo_2O_4$ nanorods onto porous Co_3O_4 nanosheet surface for tri-functional glucose，hydrogen-peroxide sensors and supercapacitor [J].Electrochim.Acta，2020，330: 135326.

[69] Chu X，Wang C，Zhou L，Yan X，Chi Y，Yang X.Designed formation of Co_3O_4@$NiCo_2O_4$ sheets-in cage nanostructure as high-performance anode material for lithium-ion batteries [J].RSC adv.，2018，8: 39879-39883.

[70] Sennu P，Aravindan V，Lee Y S.High energy asymmetric supercapacitor with 1D@2D structured $NiCo_2O_4$@Co_3O_4 and jackfruit derived high surface area porous carbon [J].J.Power Sources，2016，306: 248-257.

[71] Wu X，Han Z，Zheng X，Yao S，Yang X，Zhai T.Core-shell structured Co_3O_4@$NiCo_2O_4$ electrodes grown on flexible carbon fibers with superior electrochemical properties [J].Nano energy，2017，31: 410-417.

[72] Yuan Y，Wang W，Yang J，Tang H，Ye Z，Zeng Y，Lu J.Three-dimensional $NiCo_2O_4$@$MnMoO_4$ core-shell nanoarrays for high-performance asymmetric supercapacitors[J].Langmuir ACS J.Surf. Colloids，2017，33（40）: 10446-10454.

[73] Gu Z，Zhang X.$NiCo_2O_4$@$MnMoO_4$ core–shell flowers for high performance supercapacitors [J].J.Mater. Chem.A，2016，4（21）: 8249-8254.

[74] Xue W，Wang W，Fu Y，He D，Zeng F，Zhao R.Rational synthesis of honeycomb-like $NiCo_2O_4$@ $NiMoO_4$ core-shell nanofilm arrays on ni foam for high-performance supercapacitors [J].Mater.Lett.，2017，186: 34-37.

[75] Dong X，Zhang Y，Wang W，Zhao R.Rational construction of 3D $NiCo_2O_4$@$CoMoO_4$ core-shell nanoarrays as a positive electrode for asymmetric supercapacitor [J].J.Alloys & Comp.，2017，729: 716-723.

[76] Liu X，Shi S，Xiong Q，Li L，Zhang Y，Tang H，Gu C，Wang X，Tu J.Hierarchical NiCo$_2$O$_4$@ NiCo$_2$O$_4$ core-shell nanoflake arrays as high-performance supercapacitor materials [J].ACS Appl.Mater. Interfaces，2013，5：8790-8795.

[77] Xue C，Chen Y，Li Y，Chen H，Lin L.NiCo$_2$O$_4$@TiO$_2$ electrode based on micro-region heterojunctions for high performance supercapacitors [J].Appl.Surface Sci.，2019，493：994-1003.

[78] Zeng W，Wang L，Shi H，Zhang G，Zhang K，Zhang H，Gong F，Wang T，Duan H.Metal–organic-framework-derived ZnO@C@NiCo$_2$O$_4$ core–shell structures as an advanced electrode for high-performance supercapacitors [J].J.Mater.Chem.A，2016，4：8233-8241.

[79] Li W，Yang F，Hu Z，Liu Y.Template synthesis of C@NiCo$_2$O$_4$ hollow microsphere as electrode material for supercapacitor [J].J.Alloys & Comp.，2018，749：305-312.

[80] Xu Z，Yang L，Jin Q，Hu Z.Improved capacitance of NiCo$_2$O$_4$/carbon composite resulted from carbon matrix with multilayered graphene [J].Electrochim.Acta，2019，295：376-383.

[81] Wang H W，Hu Z A，Chang Y Q.Design and synthesis of NiCo$_2$O$_4$-reduced graphene oxide composites for high performance supercapacitors [J].J.Mater.Chem.，2011，21：10504-10511.

[82] Zhang S，Gao H，Zhou J，Jiang F，Zhang Z.Hydrothermal synthesis of reduced graphene oxide-modified NiCo$_2$O$_4$ nanowire arrays with enhanced reactivity for supercapacitors [J].J.Alloys & Comp.，2019，792：474-480.

[83] Osaimany P，Samuel A S，Johnbosco Y，Kharwar Y P，Chakravarthy V.A study of synergistic effect on oxygen reduction activity and capacitive performance of NiCo$_2$O$_4$/rGO hybrid catalyst for rechargeable metal-air batteries and supercapacitor applications [J].Compos.Part B：Eng.，2019，176：107327.

[84] Ezeigwe E R，Khiew P S，Siong C W，Tan M T T.Solvothermal synthesis of NiCo$_2$O$_4$ nanocomposites on liquid-phase exfoliated graphene as an electrode material for electrochemical capacitors[J].J.Alloys & Comp.，2017，693：1133-1142.

[85] Sun S，Li S，Wang S，Li Y，Wang P.Fabrication of hollow NiCo$_2$O$_4$ nanoparticle/graphene composite for supercapacitor electrode [J].Mater.Lett.，2016，182：23-26.

[86] Zhang G Q，Lou X W.Controlled growth of NiCo$_2$O$_4$ nanorods and ultrathin nanosheets on carbon nanofibers for high-performance supercapacitors [J].Sci.Rep..2013，3：1470-1476.

[87] Gracita M Tomboc，Kim H.Derivation of both EDLC and pseudocapacitance characteristics based on synergistic mixture of NiCo$_2$O$_4$ and hollow carbon nanofiber：An efficient electrode towards high energy density supercapacitor [J].Electrochim.Acta，2019，318：392-404.

[88] Xue Y，Chen T，Song S，Kim P，Bae J.DNA-directed fabrication of NiCo$_2$O$_4$ nanoparticles on carbon nanotubes as electrodes for high-performance battery-like electrochemical capacitive energy storage device [J].Nano Energy，2019，56：751-758.

[89] Xu S，Yang D，Zhang F，Liu J，Fabrication of NiCo$_2$O$_4$ and carbon nanotube nanocomposite films as high-performance flexible electrode of supercapacitor [J].RSC Adv.，2015，5：74032-74039.

[90] Yue S，Tong H，Lu L，Tang W，Bai W，Jin F，Han Q，He J，Liu J，Zhang X.Hierarchical NiCo$_2$O$_4$ nanosheets/nitrogen doped graphene/carbon nanotube film with ultrahigh capacitance and long cycle

stability as flexible binder-free electrode for supercapacitor [J].J.Mater.Chem.A，2017，5：689-698.

[91] Dong K，Wang Z，Sun M，Wang D，Liu Y.Construction of NiCo$_2$O$_4$ nanorods into 3D porous ultrathin carbon networks for high-performance asymmetric supercapacitors [J].J.Alloys & Comp.，2019，783：1-9.

[92] Xiong W，Gao Y，Wu X，Hu X，Lan D，Chen Y，Pu X，Zeng Y，Su J，Zhu Z.A composite of macroporous carbon with honeycomb-like structure from mollusc shell and NiCo$_2$O$_4$ nanowires for high-performance supercapacitor [J].ACS Appl.Mater.，2014，6：19416-19423.

[93] Guo D，Zhang L，Song X，Tan L.NiCo$_2$O$_4$ nanosheets grown on interconnected honeycomb-like porous biomass carbon for high performance asymmetric supercapacitor [J].New J.Chem.，2018，42：8478-8484.

[94] 汪静敏，毕红.钴酸镍／多孔碳复合电极材料的制备及其电化学性能研究 [J].电子元件与材料 2017，36（8）：45-49.

[95] Tong H，Yue S，Lu L，Jin F，Han Q，Zhang X，Liu J.A binder-free NiCo$_2$O$_4$ nanosheets/3D elastic N-doped hollow carbon nanotube sponge electrode with high volumetric and gravimetric capacitance supercapacitor [J].Nanoscale，2017，9：16826-16835.

[96] Liu M，Yang T，Chen J，Su L，Chou K C，Hou X.TiN @NiCo$_2$O$_4$ coaxial nanowires as supercapacitor electrode materials with improved electrochemical and wide-temperature performance[J]. J.Alloys & Comp.，2017，692：605-613.

[97] Wen S，Liu Y，Zhu F，Shao R，Xu W.Hierarchical MoS$_2$ nanowires/NiCo$_2$O$_4$ nanosheets supported on ni foam for high-performance asymmetric supercapacitors [J].Appl.Surf.Sci.，2018，428：616-622.

[98] Rong H，Chen T，Shi R，Zhang Y，Wang Z.Hierarchical NiCo$_2$O$_4$@NiCo$_2$S$_4$ nanocomposite on Ni foam as an electrode for hybrid supercapacitors [J].ACS Omega，2018，3（5）：5634-5642.

[99] Raj S，Kumar S S，Kar P，Roy P.Three-dimensional NiCo$_2$O$_4$-NiCo$_2$S$_4$ hybrid nanostructure on Ni-foam as a high-performance supercapacitor electrode [J].RSC Adv.，2016，6（98）：95760-95767.

[100] Hu J，Li M，Lv F，Yang M，Tao P，Tang Y，Lu Z.Heterogeneous NiCo$_2$O$_4$@polypyrrole core/ sheath nanowire arrays on Ni foam for high performance supercapacitors [J].J.Power Sources，2015，294：120-127.

[101] Liu S，An C，Chang X，Guo H，Zang L，Wang Y，Yuan H，Jiao L.Optimized core–shell polypyrrole-coated NiCo$_2$O$_4$ nanowires as binder-free electrode for high-energy and durable aqueous asymmetric supercapacitor [J].J.Mater.Sci.，2018，53：2658-2668.

[102] Kong D，Ren W，Cheng C，Wang Y，Huang Z，Yang H Y.Three-dimensional NiCo$_2$O$_4$@polypyrrole coaxial nanowire arrays on carbon textiles for high-performance flexible asymmetric solid-state supercapacitor [J].ACS Appl.Mater.& Interfaces，2015，7（38）：21334-21346.

[103] Chen T，Fan Y，Wang G，Zhang J，Chuo H，Yang R.Rationally designed carbon fiber@NiCo$_2$O$_4$@ polypyrrole core–shell nanowire array for high-performance supercapacitor electrodes [J].Nano，2016，11（02）：1650015.

[104] Pan C，Liu Z，Li W，Wang Q，Chen S.NiCo$_2$O$_4$@polyaniline nanotubes heterostructure anchored

on carbon textiles with enhanced electrochemical performance for supercapacitor application [J].J.Phys. Chem.C，2019，123（42）：25549-25558.

[105] Xu H，Wu J X，Chen Y，Zhang J L，Zhang B Q.Facile synthesis of polyaniline/NiCo$_2$O$_4$ nanocomposites with enhanced electrochemical properties for supercapacitors [J].Ionics，2015，21：2615-2622.

[106] Kaskel S，Schlichte K，Chaplais G，Khanna M.Synthesis and characterization of titanium nitride based nanoparticles [J].J.Mater.Chem.，2003，13（6）：1496-1499.

[107] Zhou X H，Shang C Q，Gu L，Dong S M，Chen X，Han P X，Li L F，Yao J H，Liu Z H，Xu H X，Zhu Y W，Cui G L.Mesoporous coaxial titanium nitride-vanadium nitride fibers of core-shell structures for high-performance supercapacitors [J].ACS Appl.Mater.Interface，2011，3：3058-3063.

[108] Shang C，Dong S，Wang S，Xiao D，Han P，Wang X，Gu L，Cui G.Coaxial Ni$_x$Co$_{2x}$（OH）$_{6x}$/TiN nanotube arrays as supercapacitor electrodes [J].ACS Nano，2013，7：5430-5436.

[109] Geng X M，Zhang Y L，Han Y，Li J X，Yang L，Benamara M，Chen L，Zhu H L.Two-dimensional water-coupled metallic MoS$_2$ with nanochannels for ultrafast supercapacitors [J].Nano Lett.，2017，17：1825-1832.

[110] Wang L N，Ma Y，Yang M，Qi Y X.Titanium plate supported MoS$_2$ nanosheet arrays for supercapacitor application [J].Appl.Surf.Sci.，2017，396：1466-1471.

[111] Yang X J，Zhao L J，Lian J S.Arrays of hierarchical nickel sulfides/MoS$_2$ nanosheets supported on carbon nanotubes backbone as advanced anode materials for asymmetric supercapacitor [J].J.Power Sources，2017，343：373-382.

[112] Wang M Q，Fei H F，Zhang P，Yin L W.Hierarchically layered MoS$_2$/Mn$_3$O$_4$ hybrid architectures for electrochemical supercapacitors with enhanced performance [J].Electrochim.Acta，2016，209：389-398.

[113] Ma L B，Hu Y，Chen R P，Zhu G Y，Chen T，Lv H L，Wang Y R，Liang J，Liu H X，Yan C Z，Zhu H F，Tie Z X，Jin Z，Liu J.Self-assembled ultrathin NiCo$_2$S$_4$ nanoflakes grown on Ni foamas high-performance flexible electrodes for hydrogen evolutionreaction in alkaline solution [J].Nano Energy，2016，24：139-147.

[113] Zhu J，Tang S，Wu J，Shi X，Zhu B，Meng X.Wearable high-performance supercapacitors based on silver-sputtered textiles with FeCo$_2$S$_4$-NiCo$_2$S$_4$ composite nanotube-built multitripod architectures as advanced flexible electrodes [J].Adv.Energy Mater.，2017，7：1601234.

[114] Lv J，Liang T，Yang M，Suzuki K，Miura H.Performance comparison of NiCo$_2$O$_4$ and NiCo$_2$S$_4$ formed on Ni foam for supercapacitor [J].Compos.Part B：Eng.，2017，123：28-33.

[115] 刘沛静．"一步法"合成 NiCo$_2$S$_4$ 纳米阵列高性能能量存储器件电极的研究 [J]. 材料开发与应用，2017，10：71-76.

[116] Shen L，Wang J，Xu G，Li H，Dou H，Zhang X.NiCo$_2$S$_4$ nanosheets grown on nitrogen-doped carbon foams as an advanced electrode for supercapacitors [J].Adv.Energy Mater.，2014，5（3）：1400977.

[117] Chen H，Jiang J，Zhang L，Wan H，Qi T，Xia D.Highly conductive $NiCo_2S_4$ urchin-like nanostructures for high-rate pseudocapacitors [J].Nanoscale，2013，5：8879-8883.

[118] Chen H，Jiang J，Zhang L.In situ growth of $NiCo_2S_4$ nanotube arrays on Ni foam forsupercapacitors：Maximizing utilization efficiency at high mass loading to achieve ultrahigh areal pseudocapacitance [J].J.Power Sources，2014，254：249-257.

[119] Li C，Bai H，Shi G Q.Conducting polymer nanomaterials：electrosynthesis and applications [J].Chem.Soc.Rev.2009，38：2397-2409.

[120] Fusalba F，Gouérec P，Villers D，Bélanger D.Electrochemical characterization of polyaniline in nonaqueous electrolyte and itsevaluation as electrode material for electrochemical supercapacitors [J].J.Electrochem.Soc.，2001，148（1）：A1-A6.

[121] Potphode D D，Mishra S P，Sivaraman P，Patri M.Asymmetric supercapacitor devices based on dendritic conducting polymer and activated carbon [J].Electrochim.Acta，2017，230：29-38.

[122] Wang M，Xu X X.Design and construction of three-dimensional graphene/conducting polymer for supercapacitors[J].Chin.Chem.Lett.，2016，27（8）：1437-1444.

[123] He Y，Wang X，Huang H，Zhang P，Chen B，Guo Z.In-situ electropolymerization of porous conducting polyaniline fibrous network for solid-state supercapacitor [J].Appl.Surf.Sci.，2018，469：446-455.

[124] Chaudharya G，Sharmaa A K，Bhardwaj P，Kant K，Kaushal I，Ajay K Mishra.$NiCo_2O_4$ decorated PANI–CNTs composites as supercapacitive electrode materials [J].J.Energy Chem.，2017，26：175-181.

[125] Cui F，Huang Y，Xu L，Zhao Y，Lian J，Bao J，Li H.Rational construction of 3D hierarchical $NiCo_2O_4$/PANI/MF composite foam as high-performance electrode for asymmetric supercapacitors [J].Chem.Commun.，2018，54（33）：4160-4163.

[126] Zhao J，Li Z，Zhang M，Meng A，Li Q.Direct growth of ultrathin $NiCo_2O_4$/NiO nanosheets on SiC nanowires as a free-standing advanced electrode for highperformance asymmetric supercapacitors [J].ACS Sustain.Chem.Eng.，2016，4（7）：3598-3608.

[127] Liu M C，Kong L B，Lu C，Li X M，Luo Y C，Kang L.A sol-gel process for fabrication of NiO/$NiCo_2O_4$/Co_3O_4 composite with improved electrochemical behavior for electrochemical capacitors [J].ACS Appl.Mater.& Interfaces，2012，4：4631-4636.

[128] Yuan C，Li J，Hou L，Zhang X，Shen L，Lou X W（David）.Ultrathin mesoporous $NiCo_2O_4$ nanosheets supported on Ni foam as advanced electrodes for supercapacitors [J].Adv.Funct.Mater.，2012，22：4592-4597.

[129] Zhang D，Yan H，Lu Yang，Qiu K，Wang C，Tang C，Zhang Y，Cheng C，Luo Y.Hierarchical mesoporous nickel cobaltite nanoneedle/carbon cloth arrays as superior flexible electrodes for supercapacitors [J].Nanoscale Res.Lett.，2014，9：139-148.

[130] Shen L，Che Q，Li H，Zhang X.Mesoporous $NiCo_2O_4$ nanowire arrays grown on carbon textiles as binder-free flexible electrodes for energy storage [J].Adv.Funct.Mater.，2014，24：2630-2637.

[131] 严瑞瑄 . 水溶性高分子 [M]. 北京：化学工业出版社 .1998.

[132] 江之征，李允明 . 高分子化学和物理 [M]. 北京：中国轻工业出版社，1994.

[133] 王志宏，高濂，李炜群 . 高分子网络凝胶法制备纳米 α-Al_2O_3 粉体 [J]. 无机材料学报，2000，15（2）：356-360.

[134] 潘祖仁 . 高分子化学 [M]. 北京：化学工业出版社，1986.

[135] 陈迎春，经建生，田亮，耿惠民 . 过硫酸铵的热不稳定分析 [J]. 消防科学与技术，2005，24（4）：409-411.

[136] Li G，Fu L，Chen C，Cui X，Ren R.A Novel Chemical Route for Preparation of Nanocrystalline α-Al_2O_3 Powder [J].Chem.Eng.Commun.，2008，195：35-42.

[137] Li G，Sun Z，Chen C，Cui X，Ren R.Synthesis of nanocrystalline $MgAl_2O_4$ spinel powders by a novel chemical method [J].Mater.Lett.，2007，61（17）：3585-3588.

[138] Douy A，Odier P.Preparation of $YBa_2Cu_3O_7$ ceramic powders by polymer gel process [J].Mat.Res.Bull.，1998，24：1119-1126.

[139] 李逸 . 高分子网络微区沉淀法制备纳米镁铝尖晶石粉体的研究 [D]. 大连：大连交通大学，2007.

[140] Ulrich J D.Ultrastructure processing of Advanced Ceramics[M].New York：John Wiley，1988：477.

[141] 柳念，马荣骏 . 水合稀土碳酸盐的红外光谱 [J]. 材料技术与工程，2007，7（4）：1430-1433.

[142] 杨念，况守英，岳蕴辉 . 几种常见无水碳酸盐矿物的红外吸收光谱特征分析 [J]. 矿物岩石，2015，35（4）：37-42.

[143] 谢莉婧，金小青，付国瑞，张子瑜，杨玉英，胡中爱 . 碱式碳酸钴的水热合成及其结构表征 [J]. 化学研究与应用，2010，22（8）：985-988.

[144] 陈和生，邵景昌 . 聚丙烯酰胺的红外光谱分析 [J]. 仪器分析，2010，3：36-40.

[145] Fang Y，Wang X，Chen Y，Dai L.$NiCo_2O_4$ nanoparticles：an efficient and magnetic catalyst for Knoevenagel condensation [J].J.zhengjiang University Science A，2020，21：74-84.

[146] He G，Wang L，Chen H，Sun X，Wang X.Preparation and performance of $NiCo_2O_4$ nanowires-loaded graphene as supercapacitor material [J].Mater.Lett.2013，98：164-167.

[147] Verma S，Joshi H M，Jagadale T，Chawla A，Chandr R，Ogale S.Nearly monodispersed multifunctional $NiCo_2O_4$ spinel nanoparticles：magnetism，infrared transparency，and radiofrequency absorption [J].J.Phys.Chem.C，2008，112：15106-15112.

[148] 赵海军 . 溶剂热合成特殊结构的氧化钴、氧化镍纳米材料的研究 [D]. 南京：南京航空航天大学，2008.

[149] 杨幼平，刘人生，黄可龙，张平民 . 碱式碳酸钴热分解制备四氧化三钴及其表征 [J]. 中南大学学报（自然科学版），2008，39（1）：108-111.

[150] Balamurugan S，Philip A J L，Vidya R S.A versatile combustion synthesis and properties of nickel oxide（NiO）nanoparticles [J].J.Supercond.Nov.Magn.，2016，29：2207-2212.

[151] Balamurugan S，Philip A J L，Kiruba S A V，Veluraja K.Simple and efficient way of synthesizing NiO nanoparticles by combustion followed by ball milling method[J].Nanosci.Nanotechno.Lett.，2015，7（2）：89-93.

[152] Dam D T，Lee J M.Polyvinylpyrrolidone-assisted polyol synthesis of NiO nanospheres assembled from mesoporous ultrathin nanosheets [J].Electrochim.Acta，2013，108：617-623.

[153] Gogoi P，Saikia B J，Dolui S K.Effects of nickel oxide（NiO）nanoparticles on the performance characteristics of the jatropha oil based alkyd and epoxy blends [J].J.Appl.Polym.Sci，2015，132：41490.

[154] Lin W C，Guo W G，Wangl L H.Synthesis crystal structure and characterization of a new zinc citrate complex [J].Chin.J.Struc.Chem.，2014，33（4）：591-596.

[155] Pang M J，Jiang S，Long G H，Ji Y，Han W，Wang B，Liu X L，Xi Y L，Xu F Z，Wei G D.Mesoporous $NiCo_2O_4$ nanospheres with a high specific surface area as electrode materials for high-performance supercapacitors [J].RSC Adv.，2016，6：67839-67848.

[156] Hao P，Tian J，Sang Y，Tuan C，Cui G，Shi X，Wong C P，Tang B，Liu H.1D Ni-Co oxide and sulfide nanoarray/carbon aerogel hybrid nanostructures for asymmetric supercapacitors with high energy density and excellent cycling stability [J].Nanoscale.2016，8：16292-16301.

[157] Lu X F，Wu D J，Li R Z，Li Q，Tong Y X，Li G R.Hierarchical $NiCo_2O_4$ nanosheets@hollow microrod arrays for high-performance asymmetric supercapacitors [J].J. Mater.Chem.A，2014，2：4706-4713.

[158] Gao S，Liao F，Ma S，Zhu L，Shao M.Network-like mesoporous $NiCo_2O_4$ grown on carbon cloth forhigh-performance pseudocapacitors [J].J.Mater.Chem.A，2015，3：16520-16527.

[159] Liu W W，Lu C，Liang K，Tay B K.A three dimensional vertically aligned multiwall carbon nanotube/$NiCo_2O_4$ core/shell structure for novel high-performance supercapacitors[J].J.Mater.Chem.A，2014，2：5100-5107.

[160] Pu J，Wang J，Jin X Q，Cui F，Sheng E H，Wang Z H.Porous hexagonal $NiCo_2O_4$ nanoplates as electrode materials for supercapacitor s[J].Electrochim.Acta，2013，106：226-234.

[161] Lu X H，Huang X，Xie S L，Zhai T，Wang C S，Zhang P，Yu M H，Li W，Liang C L，Tong Y X.Controllable synthesis of porous nickel–cobalt oxide nanosheets for supercapacitors [J].J.Mater.Chem.，2012，22：13357-133364.

[162] Yuan C Z，Li J Y，Hou L R，Lin J D，Pang G，Zhang L H，Lian L，Zhang X G.Template-engaged synthesis of uniform mesoporous hollow $NiCo_2O_4$ sub-microspheres towards high-performance electrochemical capacitors [J].RSC Adv.，2013，3：18573-18578.

[163] Gupta V，Gupta S，Miura N.Electrochemically synthesized nanocrystalline spinel thin film for high performance supercapacitor [J].J.Power Sources，2010，195：3757-3760.

[164] Liu L F.Nano-aggregates of cobalt nickel oxysulfide as a high-performance electrode material for supercapacitors [J].Nanoscale，2013，5：11615-11619.

[165] Salunkhe R R，Jang K，Yu H，Yu S，Ganesh T，Han S H，Ahn H.Chemical synthesis and electrochemical analysis of nickel cobaltite nanostructures for supercapacitor applications [J].J.Alloys & Comp.，2011，509：6677-6682.

[166] Pu J，Jin X Q，Wang J，Cui F L，Chu S B，Sheng E H，Wang Z H.Shape-controlled synthesis of ternary nickel cobaltite and their application in supercapacitors [J].J.Electroanal.Chem.，2013，707：

66-73.

[167] Liu X，Wang J，Yang G.Transparent，flexible，and high-performance supercapacitor based on ultrafine nickel cobaltite nanospheres [J].Appl.Phys.A，2017，（123）：469-479.

[168] Kuang M，Zhang Y X，Li T T，Li K F，Zhang S M，Li G，Zhang W.Tunable synthesis of hierarchical NiCo$_2$O$_4$ nanosheets-decorated Cu/CuO$_x$ nanowires architectures for asymmetric electrochemical capacitors [J].J.Power Sources，2015，283：270-278.

[169] Tang C，Tang Z，Gong H.Hierarchically porous Ni-Co oxide for high reversibility asymmetric full-cell supercapacitors [J].J.Electrochem.Soc.，2012，159：A651-A656.

[170] Kuang M，Wen Z Q，Guo X L，Zhang S M，Zhang Y X.Engineering firecracker-like beta-manganese dioxides@spinel nickel cobaltates nanostructures for high-performance supercapacitors [J].J.Power Sources，2014，270：426-433.

[171] Hu L F，Wu L M，Liao M Y，Fang X S.High-performance NiCo$_2$O$_4$ nanofilm photo detectors fabricated by an interfacial assembly strategy [J].Adv.Mater.，2011，23：1988-1992.

[172] Choi J M，Im S.Ultraviolet enhanced Si-photodetector using p-NiO films [J].Appl.Surf.Sci.，2005，244：435-438.

[173] Kumar R V，Diamant Y，Gedanken A.Sonochemical synthesis and characterization of nanometer size transition metal oxides from metal acetates [J].Chem.Mater.，2000，12：2301-2305.

[174] Singh R N，Pandey J P，Singh N K，La B，Chartier P，Koenig J F.Sol-gel derived spinel M$_x$Co$_{3-x}$O$_4$（M=Ni，Cu；0 $\leqslant x \leqslant$ 1）films and oxygen evolution [J].Electrochim.Acta，2000，45（12）：1911-1919.

[175] Li C，Li G，Guan X.Synthesis and electrochemical performance of micro-nano structured LiFe$_{1-x}$Mn$_x$PO$_4$/C（0 $\leqslant x \leqslant$ 0.05）cathode for lithium-ion batteries [J].J.Energy Chem.，2018，27（3）：923-929.

[176] Guan X，Li G，Li C，Li R.Synthesis of porous nano/micro structured LiFePO$_4$/C cathode materials for lithium-ion batteries by spray-drying method [J].Trans.Nonferrous Met.Soc.China，2017，27：141-147.

[177] Wen S，Li G，Ren R，Li C.Preparation of spherical Li$_4$Ti$_5$O$_{12}$ anode materials by spray drying [J].Mater.Lett.，2015，148：130-133.

[178] 刘岩 . 喷雾干燥法制备 NiCo$_2$O$_4$ 超级电容器材料的研究 [D]. 大连，大连交通大学，2019.

[179] Kumar S A，Wang S F，Yang T C，Yeh C T.Acid yellow 9 as a dispersing agent for carbon nanotube preparation of redox polymer-carbon naotube composite film and sensing application toward ascorbic acid and dopamine [J].Biosens Bioelctron，2010，25：2592-2597.

[180] Zhang R，An H，Li Z，Shao M，Han J，Wei M.Mesoporous graphene-layered double hydroxides free-standing films for enhanced flexible supercapacitors [J].Chem.Eng.J.，2016，289：85-92.

[181] Liu J，Zhang L，Wu H B，et al.High-performance flexible asymmetric supercapacitors based on a new graphene foam/carbon nanotube hybrid film [J].Energy & Environ.Sci.，2014，7：3709-3719.

[182] Ervin M H，Le L T，Lee W Y.Ink jet-printed flexible graphene-based supercapacitor [J].Electrochim.Acta，2014，147（20）：610-616.

[183] Chi H Z，Wu Y Q，Shen Y K，Zhang C，Xiong Q，Qin H.Electrodepositing manganese oxide into a graphene hydrogel to fabricate an asymmetric supercapacitor [J].Electrochim.Acta，2018，289：158-167.